海蓝幸福家经典译丛

静观自我关怀

勇敢爱自己的51项练习

The Mindful Self-Compassion Workbook

A Proven Way to Accept Yourself, Build Inner Strength, and Thrive

[美] 克里斯汀·内夫（Kristin Neff）
克里斯托弗·杰默（Christopher Germer） 著

姜帆 译

机械工业出版社
CHINA MACHINE PRESS

图书在版编目（CIP）数据

静观自我关怀：勇敢爱自己的51项练习／（美）克里斯汀·内夫（Kristin Neff），（美）克里斯托弗·杰默（Christopher Germer）著；姜帆译．—北京：机械工业出版社，2020.8（2023.4 重印）

书名原文：The Mindful Self-Compassion Workbook: A Proven Way to Accept Yourself, Build Inner Strength, and Thrive

ISBN 978-7-111-66104-7

I. 静… II. ①克… ②克… ③姜… III. 情绪 – 自我控制 – 通俗读物 IV. B842.6-49

中国版本图书馆 CIP 数据核字（2020）第 128311 号

北京市版权局著作权合同登记　图字：01-2020-2442 号。

Kristin Neff, Christopher Germer. The Mindful Self-Compassion Workbook: A Proven Way to Accept Yourself, Build Inner Strength, and Thrive.

Copyright © 2018 by Kristin Neff and Christopher Germer.

Simplified Chinese Translation Copyright © 2020 by China Machine Press.

This edition arranged with The Guilford Press through BIG APPLE AGENCY.

This edition is authorized for sale in the Chinese mainland (excluding Hong Kong SAR, Macao SAR and Taiwan).

No part of this book may be reproduced or transmitted in any form or by any means, electronic or mechanical, including photocopying, recording or any information storage and retrieval system, without permission, in writing, from the publisher.

All rights reserved.

本书中文简体字版由 The Guilford Press 通过 BIG APPLE AGENCY 授权机械工业出版社仅在中国大陆地区（不包括香港、澳门特别行政区及台湾地区）独家出版发行。未经出版者书面许可，不得以任何方式抄袭、复制或节录本书中的任何部分。

静观自我关怀：勇敢爱自己的51项练习

出版发行：机械工业出版社（北京市西城区百万庄大街22号）	邮政编码：100037
责任编辑：胡晓阳	责任校对：李秋荣
印　刷：三河市宏达印刷有限公司	版　次：2023 年 4 月第 1 版第 7 次印刷
开　本：170mm×230mm　1/16	印　张：16
书　号：ISBN 978-7-111-66104-7	定　价：79.90 元

客服电话：（010）88361066　68326294

版权所有·侵权必究
封底无防伪标均为盗版

赞　誉

　　内夫与杰默博士一直在静观自我关怀这一开创性领域里耕耘不辍，他们的研究与教学一直在引领这个领域不断前行，成千上万的学员都曾受过他们教学方法的培训。现在你手中的这本书能够指引你走向治愈与自由。本书提供的方法既简明易行，又富有深度。请接纳本书的馈赠，并将其分享给他人吧。书中的教诲会让许多觉醒的心灵受益匪浅。

——塔拉·布莱克（Tara Brach）　哲学博士
著有《全然接受这样的我》（<i>Radical Acceptance</i>）
以及《与自己停战的 26 个练习》（<i>True Refuge</i>）

　　凭借深刻的领悟与丰富的经验，内夫与杰默写出了这本简明易读的练习手册。书中有许多震撼人心的练习，能帮助你带着关怀之心，发现抱持自我与世界的内在能力。无论你是否参加过静观自我关怀的正式课程，本书都能让你的生活发生深刻的变化。

——莎伦·扎尔茨贝格（Sharon Salzberg）
著有《慈爱》（<i>Lovingkindness</i>）与《真爱》（<i>Real Love</i>）

　　静观自我关怀让我变得更加坚韧不拔——当风暴来袭时，我会漂浮在惊涛骇浪上等待风平浪静，而非惊慌失措地拍打水面，试图逃离。我每天都能发现令人开心的事，不论这件事有多小。本书能让读者对静观自我关怀的理解与体验更加深刻。我衷心地向所有人推荐本书。

——希瑟·R.（Heather R.） 英国汉普郡

内夫与杰默博士是全球自我关怀领域的权威专家。他们用简单又接地气的方法，告诉读者如何变得更加自信，减少自我批判并善待自己。在本书的文字中，你能感受到他们温暖而睿智的指引。本书是真正的杰作。

——里克·汉森（Rick Hanson） 哲学博士
著有《大脑幸福密码》(Hardwiring Happiness)

"仁者爱人""舍生取义"素来是中国儒家思想的重要价值取向，即便在当今时代，人们依然崇尚"天下为公"，关怀自己似乎是自私自利的表现，但忽视个人的身心健康便无法持续地"爱人""为公"。本书提倡的自我关怀尤为重要，静观自我关怀，勇敢爱自己，才能做到"爱人如己"。本书为读者提供了操作性很强的身心关怀方法，值得学习和实践。

——中科院心理研究所教授 祝卓宏

自我关怀是当前心理健康领域最受推崇的观念之一，内夫和杰默博士开发的静观自我关怀课程已在全球广为推广，大量其他课程也会将自我关怀作为重要主题。本书详细介绍了自我关怀的具体练习，内容丰富，可操作性强，为大众和心理咨询师提供了深入培养自我关怀的有利工具。

——北京师范大学心理学部教师 曾祥龙

如果世界对你太凶狠，这极有可能是你与世界的合谋。试问，一个对自我关怀不够的人，又何以期待世界给你更多的关怀？我们要向内夫和杰默博士学习静观自我关怀，这个世界的平静与温柔，才能与你环环相扣。

——壹心理创始人 黄伟强

自我关怀是当下非常流行的心理学概念。很多人都希望能在沉重的生活中好好关怀自己，但往往不知道究竟该怎么做，很多文章或著作给出的常常是隔靴搔痒的小技巧。而这本书脱胎于静观自我关怀八周系列课，两位作者精炼地阐释了自我关怀的核心要素，系统地设置了实用性的练习，能让读者真切地感受到自我关怀的力量，更深刻地领会到：无论何时，我们都不要忘记为自己保留一份善意与温柔。

——KnowYourself 媒体部总监　夏超

这是一本充满善意与温暖的书，两位作者对人们在遇到困难时的情绪波动和自我施压有深刻理解。在焦虑感愈发强烈的当下，我们习惯于从第三者的视角审视自己的生命状态，时而被莫名的羞耻情绪吞没。而静观自我关怀则带着对自己深深的包容，让我们重拾关怀自己的能力。跟着本书做练习，每天 30 分钟，你就能体会到自我关怀的强大力量和治愈效果。

——糖心理

自我关怀是一个非常具有启发性的概念，为习惯于否定、苛责和批评自己的人提供了新的疗愈方向。同时，与静观的结合，使静观自我关怀成为继静观减压和静观认知之后又一项系统化的课程。本书便是课程的完美呈现，不仅提供自我关怀之道，还提供了切实可行的自我关怀练习之术。推荐每一个想要爱自己却不知如何爱自己的人阅读！

——冥想星球 APP　王芃

推荐序

情绪决定健康,情绪决定命运,情绪决定生死。
每个人的人生第一课,应该是情绪管理。
静观自我关怀是学习情绪管理的核心和基础。

2008~2011年,我带领团队驻扎汶川灾区做地震后心理救援工作。其间,我感到身心俱疲,需要一种不求助于他人就可以关怀、安抚自己的方法。我四处搜寻,无比欣喜地发现了哈佛大学临床心理学家克里斯托弗博士——静观自我关怀的创始人之一。与克里斯托弗老师的结缘,开启了我个人和之后许许多多人的自我关怀之旅。

其实,我和许多人一样,小时候经常从父母和周围的人那里得到这样的夸奖:这孩子真懂事。所谓懂事,就是懂大人的事,听大人的话。所以,我们从小就把关注点放在如何让父母、老师和周围的人满意、开心上。很多时候,不顾及自己的需求,千方百计甚至用伤害自己的方式满足别人的需求。以至于,我们不知道自己的需求是什么,怎样满足自己的需求。我们期待用关怀他人的方式,得到他人的关怀。事实上,这个世界上不会有任何人能够准确地了解我们自己的需求,也很少有人能够按照我们的心愿给予我们全部所需。久而久之,我们就可能产生失望、失落、不被理解、不被尊重、委屈、被利用、疲惫、抑郁、愤怒等情绪。如果我们仔细回顾自己的人生,就不难发现:人与人之间的很多矛盾和痛苦，都与对方不能满足我们的需求有关。

出路是什么？我认为第一步是学习静观自我关怀。什么是静观自我关怀？简而言之，就是像对待好朋友或爱的人一样对待自己。

尽管我们都希望能够找到一个心心相印的爱人，但其实从出生到离开这个世界，唯一能够始终陪伴我们的人是自己。学会自我关怀，我们就有了能够陪伴自己一生的知心朋友。

《静观自我关怀：勇敢爱自己的51项练习》是一本为大众读者设计的静观自我关怀学习和练习的手册，适合所有希望调整情绪、改善关系、提升生活质量和满意度的读者。作为最早在中国传播和教授静观自我关怀的老师，也作为静观自我关怀中心在中国的独家战略合作伙伴，看到这本书的面世，想到许多中国读者即将因此而走上接纳与爱上自己的道路，致力于成为终身陪伴自己的朋友，我就难掩内心的喜悦和激动。

这本书由静观自我关怀的两位创始人联袂打造，经过10年的精心打磨，涵盖了静观自我关怀最核心的知识点和易学易用的日常练习，不仅能够帮助读者知道什么是自我关怀和为什么要自我关怀，还可以让读者跟随书中的练习一起做到给自己关怀。这本书既建立在科学研究的基础上，又根植于日常生活实践中，对于个人成长而言，实在是一本不可多得的自助式好书。

我和静观自我关怀的两位创始人认识已经近十年，他们是我非常敬仰和喜爱的良师益友。克里斯汀博士是美国得克萨斯大学奥斯汀分校的教授，也是自我关怀领域的先驱研究者。2003年，她发表论文，提出了自我关怀的三个组成部分并设计了自我关怀量表。这份量表已成为全球自我关怀科研的通用量表。迄今为止，国际已发表的3000多篇自我关怀科研论文，均采用了克里斯汀博士设计的自我关怀量表。她既是一位科学家，也是一位自我关怀的实践者。她的儿子在一岁多的时候被确诊为自闭症，在之后十几年养育和照顾儿子的过程中，自我关怀是陪伴她、支持她的最重要的资源之一。她的勇气、智慧、力量和关怀令我非常感动和敬佩。

　　克里斯托弗博士是哈佛大学的临床心理学家，他个人践行静观和自我关怀有40多年了，是一位非常智慧、慈爱、风趣、幽默的老师。他本人有20多年的公众演讲焦虑，曾经尝试过各种方法都没能解决。他通过练习自我关怀，化解了自己的羞愧感之后，才真正解决了公众演讲焦虑的问题。因为挥之不去的焦虑背后，是担心自己不够好的羞愧。他也是深受许多中国学员爱戴的老朋友，在过去的10年中先后五次到访中国，其中有两次亲自带领中国静观自我关怀师资培训。

　　我们说，自我关怀就是像对待最好的朋友那样对待自己。这听起来容易，真正做到却很难。有研究表明，世界上78%的人都是对别人比对自己好，只有2%的人对待自己更好，20%的人则对别人和对自己相差不多。而在中国，受先人后己的文化和环境因素的影响，相信我们有更多的人对别人比对自己好。

　　静观自我关怀是一把开启内在宝藏的钥匙。通过静观，我们知道每个当下正在发生什么，自己正在经历和体验什么。通过共通人性，我们知道自己不是唯一一个有这种经历和感受的人，有许多人和我们一样，经历过或正在经历同样的感受。通过善待自己，我们像对待最好的朋友一样对待自己。在高兴的时候，欣赏自己，为自己点赞、喝彩；在遇到挑战和挫折的时候，充满耐心地陪伴、理解、支持自己；在痛苦中依然相信自己、爱自己。

　　我真诚地向所有想要走上幸福之路的人推荐这本书。很多人跟我学习，开始都是为了解决亲密关系、亲子关系或职场关系中的困扰，比如有的人为爱人或孩子鞠躬尽瘁，他们却不领情；还有的人看起来外表光鲜但内心孤寂，感觉不到温暖和安全……这些痛苦有一个共同点，即求而不得。我们总是期待别人给予我们理解、尊重、信任、安慰、支持或赞赏，如果没得到，就进入对抗、逃避或陷入痛苦的境地。大多数人不知道，其实我们的内心一直住着一个随时可以关怀我们、深刻理解我们并且永远陪伴我们、为我们好的人。这个人像妈妈，像朋友，也像智者。当你找到了他（她），就能从"求而不得"转换为"自给自足"。

埃克哈特·托利的著作《当下的力量》开篇有一个乞丐的故事：

有一个乞丐常年坐在一个破箱子上乞讨。有一天一位陌生人路过，乞丐照旧乞讨。陌生人说：我没有什么可以给你。不过你坐着的箱子里面有什么？乞丐说：不知道，我从来没打开过，什么都没有吧。在陌生人的坚持下，乞丐打开了箱子。你猜怎么着？里面全是宝藏。

我们都是坐在百宝箱上的乞丐，伸手期待别人的施舍。其实自我关怀就是我们开启内在宝藏的钥匙。

非常感谢这本书的策划编辑胡晓阳，她是一位静观自我关怀老师，也是我的学生，她尽心尽力地筹备这本书的出版，让更多读者可以开始学习和练习自我关怀。感谢这本书的译者姜帆，他亲自参加了静观自我关怀8周课的学习，在体验之后，精准、流畅、优美地完成了本书的翻译。感谢所有致力于静观自我关怀传播和教学的同人，也感谢所有拿起这本书，开始认真学习和练习自我关怀的朋友们，你们的行动将会让自己和身边越来越多的人拥有内心的宁静与和谐。

愿大家都成为自己最好的朋友，成为爱的源头。

海蓝博士
海蓝幸福家创始人
《不完美，才美》作者
情绪管理与关系梳理专家
静观自我关怀全球首位中国师资培训师

前　言

如何阅读本书

> 我们的目标并非寻找爱在何方，
> 而是仅仅发现你在心中筑起的高墙。[1]
> ——鲁米（Rumi）

我们都曾筑起高墙，将爱拒之门外。在生而为人的残酷现实里，我们都曾被迫用这种方式来保护自己免受伤害。但要得到安全与保护，我们另有他法。当我们在逆境中静观⊖自己的挣扎，用关怀、和善与支持的方式回应自己的时候，一切就开始改变了。尽管内在自我与外在世界有诸多不尽如人意之处，我们依然可以学着拥抱自己与生活，给予自己茁壮成长所需的力量。在过去的十年里，大量研究表明自我关怀对幸福感大有裨益。善于自我关怀的个体能体验到更强的幸福感和更高的生活满意度[2]，拥有更强的动力[3]、更好的人际关系[4]和身体健康[5]，他们的焦虑与抑郁症状也更少[6]。他们也拥有更强的心理弹性⊖，能更好地应对生活中的压力，例如离婚[7]、健康危机[8]、学业失败[9]，甚至战争创伤[10]。

学会拥抱自己和自己的不完美，能够让
你获得茁壮成长所需的心理弹性。

⊖ 静观（mindful 或 mindfulness）也译作"正念"，本书主要采用"静观"的译法。——译者注
⊖ 心理弹性（resilience）是指从消极经历中恢复，灵活适应多变环境的能力。——译者注

但是，当我们面临挫折时，当我们感到痛苦、遭受失败或感到自卑时，就难以静观当下的处境。我们更可能大喊大叫，狠狠地敲桌子。我们不但讨厌当下的处境，还会因为深陷逆境而怀疑自己。转瞬之间，我们的想法就像一列疾驰而过的过山车，从"我**不喜欢**这种感受"到"我**不想要**这种感受""我**不应该**有这种感受""我肯定是**有毛病**才会有这种感受"，最后变为"我很**糟糕**"。

这时，我们就需要自我关怀了。有时我们需要先安抚自己，因为做人真的很难。然后我们才能静观当下的状态，理解自己的生活。

在痛苦挣扎时，自我关怀来自静观之心。

当我们忍受生活中的痛苦时，自我关怀源于静观之心。静观之心邀请我们**敞开心胸**，以充满关爱的宽广觉知面对痛苦。自我关怀提倡"在痛苦中善待自己"。在生活的困境中，静观之心与自我关怀共同组成了一种温暖的、相互联结的临在状态。

静观自我关怀

静观自我关怀（mindful self-compassion，MSC）是第一个专门用于增强个人自我关怀能力的培训项目。像静观减压训练[11]（mindfulness-based stress reduction）和静观认知疗法[12]（mindfulness-based cognitive therapy）这样以静观为基础的培训项目也能增强个人的自我关怀[13]，但它们并不是专门为此目的服务的。对于这些方法来说，自我关怀只是静观的附带效用。静观自我关怀的方法，是专门为了向公众传授日常生活中的自我关怀技能而设计的。静观自我关怀是一门为期 8 周的课程。在课程中，训练有素的教师会为一组 8～25 人的学员提供指导，每周上课的时长为 2 小时 45 分钟，再加上半天的冥想静修。有研究显示，这门课程能够在长期内提高学员的自我关怀与静观的能力，降低焦虑与抑郁症状[14]，增强整体幸福感[15]，甚至能使糖尿病患者的血糖水平保持稳定[16]。

关于静观自我关怀的最初灵感可以追溯至 2008 年，当时我们（本书的两位作者）刚刚在一次科学家的冥想静修活动中相遇。我们其中一人（克里斯汀）是发展心理学家，也是研究自我关怀的先驱；另一人（克里斯托弗）是临床心理学家，从 20 世纪 90 年代中期就开始致力于将静观融入心理治疗。在静修活动后，我们两人搭乘同一辆车前往机场。途中，我们意识到可以将彼此的专长结合起来，开发一门课程来教授自我关怀。

克里斯汀：我是在 1997 年，也就是读研究生的最后一年里接触到了自我关怀的理念。当时，我的生活几乎是一团乱麻。我刚刚结束了一段混乱不堪的婚姻，在学业上也承受着巨大的压力。我原想借助佛教的冥想来帮我应对压力。让我大为惊讶的是，引导冥想的女教师谈到了培养自我关怀的能力有多么重要。尽管我知道佛教徒一直在谈论对他人慈悲为怀的重要性，我却从未想过**关怀自己**也同样重要。我下意识的反应是："什么？你是说我**可以**用善意来对待自己？这难道不是自私吗？"但我当时太渴望得到内心的平静了，所以我想试一试。很快我就意识到了自我关怀多么有用。当我遇到困难时，我学会了如何做一个支持自己的好朋友。当我学会如何善待自己、减少自我评判时，我的生活发生了转变。

获得哲学博士学位后，我在一名自尊领域的领军研究者手下接受了两年博士后训练，逐渐了解到了一些自尊运动的负面影响。尽管自我感觉良好有积极意义[17]，但研究表明，那种觉得自己"特殊而超过常人"的认知会导致自恋、不断与他人比较、自我防御性愤怒、偏见等诸多负面影响。自尊的另一项局限性在于，它往往是有条件的——在成功的时候，我们能感到自尊，但在失败的时候它会消失殆尽，而那正是我们最需要自尊的时候！我发现自我关怀是自尊最好的替代品，因为它为我们提供了一种自我价值感，而这种自我价值感不需要我们完美无缺或比他人更强。在得克萨斯大学奥斯汀分校担任助理教授后，我决定对自我关怀开展研究。当时还没有人对这个主题进行学术研究，所以我尝试为自我关怀下定义，并编制了一份测量自我关怀的量表。在我抛砖引玉后，现在对自我关怀的研究已呈井喷之势。

　　我之所以知道自我关怀**的确**有用，是因为我在个人生活中感受过它的益处。我儿子罗恩在2007年被诊断患有自闭症，这是我最难熬的一段经历。如果没有坚持自我关怀的践行，我不知道自己如何才能渡过难关。记得在得知诊断结果时，我正在前往冥想静修的路上。我对丈夫说，我想取消这次静修，这样我们才能消化这个消息，但他说："不，你还是去静修吧，去做做你那个自我关怀，然后再回来帮我。"我在静修的时候，让自己完全沉浸在对自己的关怀之中。我允许自己去体验所有的感受，不带丝毫评判，即便是我认为自己"不该有"的感受——失望的感受，甚至非理性的羞愧，我也任由它们来去。我怎么能对自己最爱的人有这种感觉呢？但我知道自己应该敞开心扉，接纳这些感受。我接纳了哀伤、悲痛和恐惧。很快我就感到了一种沉稳的力量，能够抱持[○]这所有的一切——我意识到自我关怀不仅能助我渡过难关，还能帮我无条件地给予罗恩所有的爱，成为最好的母亲。这就是自我关怀的力量！

　　由于严重的感官问题，患有自闭症的孩子常常会勃然大怒。作为父母，你唯一能做的事，就是保护孩子的安全，等待他平静下来。当罗恩在食品店毫无缘由地大喊大叫、乱踢乱打时，陌生人会向我投来鄙夷的目光，因为他们认为我没有管教好自己的孩子。此时，我会用上自我关怀。我会安抚自己，为自己提供当下急需的情感支持，因为我感到了困惑、羞愧、压力重重、绝望无助。自我关怀让我免于沉溺在愤怒与自怨自艾的情绪里，让我得以对罗恩保持耐心与爱意，尽管当时我不可避免地会感到压力与绝望。我并非没有失控的时候，我失控过很多次。但是，只要有了自我关怀，我就能更快地从失控中复原，重拾对罗恩的支持与爱。

　　克里斯托弗：我也是主要通过个人经历学到自我关怀的。我从20

○　抱持（hold），由婴儿被母亲双臂环绕的感觉引申而来。此时母亲为婴儿提供了一个安全的空间，让孩子得到充分的滋养和真切的体验。——译者注

世纪 70 年代末期就开始练习冥想了,我在 80 年代早期成了一名临床心理学家,加入了一个研究静观与心理治疗的学习小组。对静观和心理治疗这两方面的热爱,让我最终出版了一本书《静观与心理治疗》(*Mindfulness and Psychotherapy*)。[18] 随着静观逐渐流行,我经常受邀去做一些公开演讲。但是,问题在于,我对当众演讲感到非常焦虑。尽管成年后我一直定期练习冥想,并且试遍了书中所有管理焦虑的办法,但每当公开演讲之前,我的心都怦怦直跳,手也汗流不止,而且我无法清晰地思考。我曾协助哈佛医学院举办了一次研讨会,而这次会议安排我当众发言,就在这时,转折点出现了。(我当时仍在努力抓住每一次练习当众演讲的机会。)我原本是医学院里一名不起眼的临床讲师,而现在却要对着所有尊敬的同事发表演讲,暴露我那些令人羞愧的秘密。

就在那时,一位经验丰富的冥想教师建议我将冥想的专注点放在慈爱(loving-kindness)上,重复一些类似"愿我平安""愿我幸福""愿我健康""愿我生活如意"的话。我尝试了一下。作为一个心理学家,尽管我多年来一直在练习冥想,沉淀与思考我的内心生活,但我从来没有用温和、安抚的语气对自己讲过话。我立刻就感觉好些了,我的思维也开始清晰起来了。自此以后,我便将慈爱作为我主要的冥想练习方向。

我一想到即将到来的研讨会,就会感到焦虑,每当此时,我就会对自己默念那些慈爱的话语,日复一日,周复一周。我并非专门用这种方法来让自己平静下来,而仅仅是因为我别无选择。研讨会开始的那天终于来了。轮到我上台演讲的时候,那种熟悉的恐惧又出现了,但我这次有些新的感受——有一个微弱的声音在轻声耳语:"愿你平安,愿你幸福……"此时此刻,有种感觉第一次从我心底涌出,取代了恐惧,那就是自我关怀。

事后思考起来,我发现自己过去无法静观并接纳自己的焦虑,归根结底是因为当众演讲的焦虑并非**焦虑**障碍,而是一种**羞愧**障碍。那种羞愧感太过强烈,让我难以承受。想象一下由于焦虑而无法公开谈论静观是一种怎样的感觉!我觉得自己是一个无能的骗子,还有些愚蠢。我在那关键的一天发现了一个事实，有时（尤其是当我们被羞愧感这样强烈的情绪吞没时）我们需要先抱持自己，然后才能抱持我们每时每刻的体验。从此以后，我就开始学习自我关怀了，并且亲眼见证了它的力量。

2009 年，为了分享我所学的内容，我出版了《不与自己对抗，你就会更强大》(*The Mindful Path to Self-Compassion*) 一书 [19]，并特别讲述了自我关怀如何帮助临床实践中的来访者。2010 年，克里斯汀出版了《自我关怀的力量》(*Self-Compassion*)。[20] 那本书讲述了她个人的故事，综述了自我关怀的理论与研究，并提供了许多增强自我关怀的技术。就在这一年，我们一同举办了首次面向大众的静观自我关怀课程。从那以后，我们与全世界的教师和实践工作同人一道，投入了大量的时间和精力推动静观自我关怀的发展，将其变成了一门安全、有效，几乎适合所有人的培训课程。许多研究都证实了静观自我关怀的益处。时至今日，全世界共有数万名学员都参加过静观自我关怀的学习。

如何使用本书

静观自我关怀课程的大部分内容都以简单易用的形式呈现在本书里了，这些内容能很快帮你增强自我关怀的能力。有些读者同时在上静观自我关怀的课程，还有些读者想要复习他们之前学过的内容，但对大多数人来说，这是他们第一次接触静观自我关怀。因此，读者可以单独使用本书来学习日常生活中的自我关怀技能。本书的结构是按照静观自我关怀的课程来设置的，章节之间有着严谨的逻辑关系，后面讲述的技能都建立在前面技能的基础之上。每章都会提供相关主题的基本信息，然后是练习部分，让你对前面所讲的概念有一些亲身体验。大多数章节也会记录课程学员的个人体验，帮你理解这些练习会在生活中产生怎样的影响。这些记录都是根据多名学员的经历杂糅而成的，因此不会侵犯任何学员的隐私，文中的人名也都是虚构的。本书在指代一个单独的个体时，会交替使用男性与女性人称代词。我们这样做是为了提升本书的易读性，并非出于不尊重。我们衷心地希望，每个人都能从本书中得到自己想要的关怀。

我们推荐你按顺序阅读各章，并且在每章的阅读间隙抽出足够的时间来做几次练习。我们大致建议你每天做 30 分钟的练习，每周阅读 1～2 章。不过，你自己的节奏更重要。如果你觉得自己需要慢下来，或者需要在某个主题上花更多的时间，也是完全可以的。学习过程应由你来掌控。如果你想参加静观自我关怀的面授课程，接受教师的指导，可以在 www.centerformsc.org 网站找到你附近的培训班。网站也会提供线上课程。对于想要了解更多有关静观自我关怀的理论、研究和实践信息的专业人士，包括想教来访者如何自我关怀的实践工作者，我们建议你阅读《静观自我关怀（专业手册）》(*Teaching the Mindful Self-Compassion Program*)，该书已于 2019 年由吉尔福德出版社出版[21]。

本书中的理念与实践主要建立在科研的基础上（书后注释给出了相关研究）。然而，它们同样也建立在我们教授成千上万人如何自我关怀的教学经验之上。静观自我关怀本身是一个有机体，在我们与学员共同学习和成长的同时，它也在不断地发展和进步。

此外，虽然静观自我关怀不是一种疗法，但它具有很强的治愈效果——它会帮你利用自我关怀的资源来面对与转化我们在日常生活中不可避免的困境。然而，练习自我关怀有时也会激活旧日的伤痛，因此，如果你曾有心理创伤史或有精神健康问题，我们建议你在心理治疗师的监督下阅读本书。

练习提示

在阅读时记住下列要点是很重要的，这样才能充分利用本书。

- 静观自我关怀是一场冒险，它会带你进入未知的领域，你可能会产生意料之外的体验。请将阅读本书的过程当作一场**自我发现**与**自我转变**的实验。你会在感受与体验的实验室中探索，请拭目以待。
- 你会学到许多静观与自我关怀的技术和原则，当然也完全可以根据自己的需要进行调整。你应该**成为自己最好的老师**。

- 要知道，在你学着用新方法面对自己的困境时，一定会遇到困难。你可能会产生一些难以面对的情绪或痛苦的自我批判。幸运的是，本书的主要内容正是培养情绪资源、技能、力量与能力来应对这些困难。
- 虽然学习自我关怀可能并不容易，但本书的目标就是帮你找到轻松、愉快的练习方式。在理想的情况下，自我关怀的每时每刻都会减少你的压力，让你避免过度奋斗和努力，而不是让你更累。
- 学得慢是一件好事。有些人操之过急，强迫自己去关怀自己，这样就背离了自我关怀训练的初衷。要允许自己按照自己的节奏前行。
- 阅读此书本身就是自我关怀的修炼。你学习自我关怀的方式应该充满了对自己的关怀。换句话说，手段与目的应该是一致的。
- 在阅读本书时，允许自己经历**开放**与**封闭**的过程是很重要的。就像我们的肺会舒张与收缩，我们的心灵也会自然地开放与封闭。允许自己在需要的时候封闭，然后在合适的时候自然而然地开放，也是自我关怀的表现。开放的表现可能是大笑、哭泣或更加灵活的思维和更加敏锐的感官。封闭的表现可能是分心、瞌睡、烦躁、麻木或自我批评。
- 看看自己能否找到开放与封闭的平衡。就像热水器的水龙头能控制水流的开关，你也能调整自己感受到的开放程度。你需要保持谨慎：有时你可能不适合做某项特定的练习，但在另一时刻，可能那正是你所需要的练习。**请为自己的情绪安全负责，如果某个练习在当下让你感觉不舒服，切勿勉强**。你完全可以事后再回顾这个练习，或者在你信任的朋友或治疗师的帮助与指导下完成练习。

自我关怀的关键问题是："我需要什么？"本书将一直围绕这个主题。

本书的设计

你会发现，本书包含了许多不同的元素，每个元素都有一个明确的目标。每章开篇会介绍一般性的信息和概念，读者只需要阅读并理解即可。

书中有许多书面**练习**，这些练习基本上只需要完成一次。不过，日后再做这些练习，观察自己是否发生了改变，也是有所帮助的。书中还有一些**非正式练习**，可供读者在日常生活中定期完成，比如在食品店结账排队时就可以做，任何时候都可以。有些练习，如写日记，则需要你安排一些专门的时间。**冥想**是一项更加正式的练习，你应该定期冥想才能取得最大的效用，而且你需要选择免于外界干扰的场所。

在本书的大部分练习之后，都会有一个"沉淀与思考"的部分，这部分会帮助你消化并理解自己的体验。那里可能有一些需要考虑的内容，还会简短地讨论你可能会遇到的问题。其中包含你可能会遇到的困难以及反应，还会给你提供一些建议，帮助你用建设性的方式应对这些反应。有些人可能只想静静地思索"沉淀与思考"部分里的内容，还有些人可能会专门用一个笔记本来写下自己的想法。如果你在回答练习提问时需要更多的空间，用笔记本可能会更好（或者不想让他人看到你写下来的文字，想用私人笔记本来做所有练习）。最重要的是，要做那些你最喜欢，觉得对自己最有用的练习。因为从长期来看，这些练习是你最有可能坚持下来的。

在阅读本书时，你的目标应该是每天做 30 分钟左右的练习，将冥想和非正式练习结合起来。静观自我关怀的研究显示，学员在课程中收获的自我关怀的多少，与他们的练习时长是相关的，但至于那些练习是正式的还是非正式的，则并不重要。

 练习通常只用做一次，不过也可以反复做。

 你可以在日常生活中经常做**非正式练习**。

 冥想是要定期完成的正式练习，你需要专门安排时间来冥想。

目 录

赞誉

推荐序

前言　如何阅读本书

第1章　什么是自我关怀　/1

第2章　什么不是自我关怀　/10

第3章　自我关怀的益处　/17

第4章　自我批评和自我关怀的生理机制　/25

第5章　自我关怀的阴与阳　/35

第6章　静观　/42

第7章　放下对抗　/50

第8章　回燃　/58

第9章　培养慈爱之心　/67

第10章　给自己慈爱　/73

第11章　自我关怀的动力　/82

第12章　自我关怀与我们的身体　/92

第13章　进步的阶段　/104

第14章　深刻的生活　/111

第 15 章　陪伴他人但不失去自我　/121

第 16 章　与困难情绪相处　/128

第 17 章　自我关怀与羞愧感　/137

第 18 章　人际关系中的自我关怀　/148

第 19 章　照料者的自我关怀　/158

第 20 章　自我关怀与人际关系中的愤怒　/166

第 21 章　自我关怀与宽恕　/177

第 22 章　拥抱美好　/187

第 23 章　自我欣赏　/195

第 24 章　继续前行　/202

附录 A　练习清单　/205

附录 B　音频文件清单　/209

结语　/212

致谢　/213

资源　/215

注释　/220

The Mindful
Self-Compassion
Workbook

第 1 章

什么是自我关怀

你如何对待一个深陷困境的朋友，就如何对待自己，这就是自我关怀的内涵。甚至当这个朋友犯错、自卑，或者遇到艰难的挑战时，你依然会用善意来对待他。我们的文化非常强调善待困境中的朋友、家人和邻居。可当我们自己陷入困境时，就没这么好运了。自我关怀就是在我们最需要的时候，学着做自己的好朋友——做自己内在的盟友，而非敌人。但一般而言，我们对自己却不像对朋友那样好。

通过自我关怀，我们会成为自己内在的盟友，而非敌人。

黄金法则："你希望别人怎样对你，就怎样对待别人。"然而，你很可能并不想用对待自己的方式来对待别人！假设有一位朋友在和伴侣分手后给你打电话，而下面就是你们的对话。

"嗨，"你拿起电话，说道，"你怎么样了？"

"糟透了！"她呜咽道，"你知道那个和我交往的迈克尔吗？他是我在离婚后第一个真正喜欢的人。昨天晚上,他说我给他的压力太大了,而他只想做朋友。我心好痛啊。"

你叹了口气,说道:"实话说,这可能是因为你又老又丑,还特别无聊,更别提你有多黏人,多依赖他人了。而且你至少超重 20 磅[⊖],要是我肯定就放弃了。你绝对不可能找到爱你的人了。我是说,你根本就不配!"

你会这样对你关心的人说话吗?当然不会。但奇怪的是,这恰恰是我们在这种情境下会对自己说的话,甚至还会说更刻薄的话。有了自我关怀,我们就会学着像好朋友一样对自己讲话。"我为你感到很难过。你还好吗?你肯定很难受吧。别忘了我很关心你,我会陪着你的。我能帮你做些什么吗?"

把自我关怀当作"用对待好朋友的方式来对待自己"是一种简单的理解方式,更为完整的定义涉及了我们在痛苦时所需的三个核心元素:善待自我(self-kindness)、共通人性(common humanity)和静观当下(mindfulness),如图 1-1 所示。[22]

图 1-1　自我关怀的三元素

善待自我。如果我们犯了错或遭遇了失败,我们更倾向于苛责自己,

⊖　1 磅约为 0.45 千克。

而不会安慰自己。你可能认识许多慷慨又体贴的人，但他们却不断地指责自己（甚至你自己可能也是这样的）。对自己的善意能消除这种倾向，这样我们就能像善待他人一样善待自己了。有了这种善意以后，在发现自己的缺陷时，我们就不会再严厉地批判自己了；相反，我们会支持自己、鼓励自己，并且保护自己免受伤害。我们不会再因为自己不够好而攻击和斥责自己，我们会给予自己温暖与无条件的接纳。同样地，当外界挑战变得艰巨，生活环境变得难以承受时，我们会主动地安抚和安慰自己。

> 特蕾莎激动万分。"我做到了！不敢相信我真的做到了！在上周的同事聚会中，我不小心对一个同事说了不该说的话。我没有像往常那样责骂自己，我努力善待自己、理解自己。我对自己说，'好吧，这又不是世界末日。即使我的表达不当，但我的心意是好的'。"

共通人性。与他人的联结感是自我关怀的核心。这意味着我们需要承认所有人都是有缺陷的，都有进步的空间。每个人都会失败，都会犯错，也都会在生活中遇到困难。自我关怀尊重一项不可避免的事实：痛苦是生活的一部分，对于每个人来说都是如此，无一例外。尽管这是显而易见的道理，但我们很容易忘记这一点。我们很容易陷入一个陷阱，也就是相信万事都"应该"一帆风顺，一旦事情不如人意，我们就会认定哪里出了问题。当然，我们很可能会犯错，也会经常遇到困难，实际上这些都是不可避免的。这是完全正常和自然的现象。

但是，我们往往不能理性地看待这种事情。我们不仅会为此痛苦万分，还会在痛苦中感到孤独。然而，只要我们记住痛苦是人类共同经历的一部分，每一个痛苦的时刻就都会变成与他人联结的时刻。我在困境中的痛苦与你在困境中的痛苦，别无二致。虽然具体情境不同，痛苦的程度不同，但人类痛苦的基本体验是一致的。

特蕾莎继续说道:"我知道每个人偶尔都会有口误。我说的话不可能每时每刻都恰到好处。这种事情是很自然的。"

静观当下。静观要求我们以清晰和平衡的方式关注自己每时每刻的体验。这意味着开放地面对当下的现实,允许所有的思绪、情绪和感觉进入我们的意识,不带丝毫对抗和回避(我们会在第 6 章中更深入地探讨静观)。

为什么静观是自我关怀的一个基本组成部分?因为我们必须面对并承认自己的痛苦,与自己的痛苦"相处"足够长的时间,才能以关怀和善意来回应自己。虽然痛苦好像是一种不可能被忽略的感受,但许多人都无法意识到自己在承受莫大的痛苦,如果这种痛苦源自他们的自我批评,那就更是如此。或者,在面对生活的挑战时,大家往往忙于解决问题,无法停下来感受当下有多么艰难。静观能消除回避痛苦思绪与情感的倾向,让我们直面真实的体验,即便这种体验让我们难受。与此同时,静观也会防止我们过度卷入或"过度认同"负面的想法与情绪,或沉溺在那些难过的反应之中不知所措。反刍思维⊖会让我们的关注点变得狭隘,并夸大我们的体验。我不仅失败了,而且"**我还是个失败者**"。我不仅感到很失望,而且"**我的生活很令人失望**"。但是,当我们静观自己的痛苦时,我们就能正视而不夸大痛苦,这样我们才能更明智、更客观地看待自我和生活。

事实上,要做到自我关怀,静观当下是我们需要做到的第一步——我们需要镇定下来,以全新的方式做出反应。举个例子,在那次同事聚会上失态之后,特蕾莎没有借助巧克力消愁,而是鼓起勇气面对发生的事情。

特蕾莎补充道:"我承认了自己当时的感觉有多糟糕。我希望那件事没有发生,但事实并非如此。不可思议的是,我竟然能

⊖ 反刍思维(rumination)是指将注意力集中在不幸的事件上,持续关注自身的消极情绪,反复思考可能的原因和后果。——译者注

与那种尴尬、面红耳赤的感受共处,而没有迷失在自我批判中。我知道那些感受不会让我死去,它们最终都会过去的。事实也的确如此。我给了自己一点儿鼓励,在第二天见到同事的时候道了歉,做了解释,一切都很正常。"

> 培养一种充满爱意和联结的临在状态,能改变
> 我们与自我和世界的关系。

还有另一种描述自我关怀的三种基本元素的方法,即**慈爱**(loving,即善待自我)、**联结**(connected,即共通人性)的**临在**(presence,即静观当下)。当我们的心灵处于慈爱、联结的临在状态下时,我们与自我、他人和世界的关系就会发生转变。

练习　我会怎样对待朋友

- 闭上眼睛,思考以下这个问题:
    - 想象自己的亲密朋友遇到了某种挫折——遭遇了不幸、失败或觉得自己不够好,而此时你的自我感觉却很不错。在这样的情况下,你通常会如何回应自己的朋友?你会说什么?你会用哪种语气?你会有哪种身体姿态?你会做哪些手势?
    - 写下你的发现。

....

....

....

- 现在，再闭上眼睛，思考下面的问题。
  - 想象自己遇到了某种挫折——遭遇了不幸、失败或觉得自己不够好。在这样的情况下，你通常会如何回应自己？你会说什么？你会用哪种语气？你会有哪些身体姿态？你会做哪些手势？
  - 写下你的发现。

- 最后，比较一下你对待逆境中的挚友的态度与你对待自己的态度有何不同。你发现规律了吗？

沉淀与思考

在做这项练习时，你有哪些感受和想法？

在做这项练习时，许多人会感到很震惊，因为他们发现与对待朋友相比，他们对待自己的态度那么糟糕。如果你也是如此，那你并不孤单。初步的调查数据显示，大多数人在对待他人时，都比对待自己更有同情心。我们的文化并不鼓励我们善待自己，

> 所以我们需要刻意练习，改变与自我的关系，才能与那种影响我们终生的习惯对抗。

 练习　用自我关怀的方式看待自己

- 想想你目前生活中的问题。
  - 选一个不太严重的问题。比如，也许你和伴侣吵了一架，而你说了一些让你追悔莫及的话。或者你在工作中犯了错，你害怕老板会找你谈话、责备你。
  - 写下你的问题。

- 首先，思考这些是你能想到的所有表现吗？你有没有小题大做？比如，即使你犯的错并不严重，你是否也很害怕自己会被开除？
  - 写下你在这件事里所有迷惘与失控的表现。

- 然后，看看你能否静观并承认这个情境里的痛苦，而不过分夸

大这件事或反应过于强烈。

- 写下你可能会产生的痛苦或难过的感受，试着用相对客观而平衡的语气来描述这些感受。承认这个情境中的困难，尽量不要过度沉溺于自己对这件事情的感受。比如："在这件事情之后，我真的非常害怕老板会生气。现在的这种感觉让我很难受。"

　

　

- 写下所有可能让你感到孤独的想法，让你觉得这件事不该发生或你是唯一遇到过这种问题的人的想法。比如，你是否认为自己的工作应该十全十美，犯错是一件不正常的事？你是否认为其他做你这份工作的人都不会犯这种错误？

　

　

● 现在，请尽量想一想在这种情境里的共通人性——有这些情绪再正常不过了，可能很多人都有和你类似的感受。比如"我想，在工作中犯错后感到害怕是正常的。人人都有犯错的时候，我敢肯定很多人都有过与我类似的经历。"

- 接下来，写下你可能为这件事而批判自己的方式。比如，你是否会辱骂自己（"蠢货"），或对自己过度严厉（"你总是把事情搞砸，你怎么就学不会呢")？

- 最后，尝试为自己写一些充满善意的话语，来回应自己的难过情绪。请用那种对待自己关心的好友的语气，写下温和、充满支持的话语。例如："看到你现在这么害怕，我也很难过。我相信一切都会好的，而且不管发生什么，我都会支持你的。""犯错是正常的，害怕犯错的后果也很正常。我知道你尽了最大的努力。"

沉淀与思考

这个练习给你的感觉如何？花一些时间来接纳此时的感受，接纳自己当下的状态。

在做这项练习的时候，有些人会因为这些关于静观当下、共通人性和善待自我的话语而感到慰藉。如果你能从中感到支持，那么你能否允许自己用这种方式来享受关爱自我的感觉？

不过，对于许多人来说，写这样的话会让他们觉得尴尬、不舒服。如果你有这样的感觉，你能否允许自己按照自己的步调来学习？因为养成新习惯需要时间。

The Mindful
Self-Compassion
Workbook

第 2 章

什么不是自我关怀

大家往往心怀疑虑,因为大家不知道自我关怀是不是一件好事,也不知道我们会不会过度关怀自我。诚然,西方文化不会把自我关怀当作一种美德,许多人也对善待自我的想法有着深深的怀疑。这些疑虑往往会妨碍我们培养自我关怀的能力,所以我们最好先仔细审视一下这些想法。

 练习　我对自我关怀的疑虑

- 写下你个人对自我关怀的所有疑虑——你是否对自我关怀的负面作用怀有恐惧或担忧?

- 有时，我们的态度来源于生活中其他人对于自我关怀的想法。写下其他人或社会大众对于自我关怀的疑虑。

> **沉淀与思考**
>
> 如果你发现了自己的一些疑虑，这是一件好事。其实，这些疑虑是妨碍你培养自我关怀能力的障碍，而觉察是清除这些障碍的第一步。
>
> 幸运的是，越来越多的研究表明，最常见的关于自我关怀的疑虑都是误解。也就是说，我们的误解一般都是没有根据的。

关于自我关怀的疑虑可能只是误解。

下面是一些学员在课程中常见的担忧，并且对相反的证据进行了简短的描述。

"自我关怀不就是顾影自怜吗？"

许多人担心自我关怀只是可怜自己的一种形式。其实，自我关怀是治愈自怜的**良药**。自怜的潜台词是"我很可怜"，而自我关怀承认每个人的生活都是困难的。研究表明，善于自我关怀的人，其观点采择⊖能力更强[23]，而不会过度关注自己的痛苦。他们**较少**沉溺于事情有多糟糕的想法中[24]，

⊖ 观点采择（perspective taking）是指想象并理解他人的思想、观点、企图和感受的能力。——译者注

这也是为什么自我关怀的人往往心理更健康。只要我们能做到自我关怀，我们就会记住每个人偶尔都会感到痛苦（共通人性），而且我们不会夸大困难的程度（静观）。自我关怀不是一种"我真不幸"的态度。

"懦夫才需要自我关怀。我要变得足够顽强、坚韧不拔，才能克服生活中的困难。"

大家往往还有另一个担忧，那就是自我关怀会让我们变得软弱无能。事实上，在我们面对困难的时候，自我关怀是内在力量的可靠来源，能给予我们勇气，增强心理弹性。研究发现，自我关怀的人更善于应对困难的情境，例如离婚[25]、创伤[26]或慢性疼痛[27]。

"我需要更加关注他人，而不是自己。自我关怀太自私自利了。"

有些人担心，如果他们不能全心全意地关怀他人，反而去关怀自己的话，就是以自我为中心或者自私。但是，自我关怀其实能让我们在关系中为他人付出更多。研究表明，自我关怀的人更愿意在亲密关系中关心并支持伴侣[28]，更愿意在恋爱的冲突中妥协[29]，对他人也更有同情心，更加宽容[30]。

"自我关怀会让我变得懒惰。我可能会随意旷工，整天躺在床上吃巧克力饼干！"

虽然许多人担心自我关怀就是自我放纵，但事实上恰恰相反。关怀让我们选择长期的健康和幸福，而非短期的愉悦（正如一个充满关怀的母亲不会让孩子不加限制地吃冰激凌，而是会说"多吃蔬菜"）。研究发现自我关怀的人拥有更健康的行为习惯，例如经常运动[31]、规律饮食[32]、少喝酒[33]、定期去看医生[34]。

"如果我犯了谋杀罪，自我关怀会让我逃避惩罚。我需要在做错事情的时候严格地对待自己，这样才能确保自己不伤害他人。"

还有些人担心，自我关怀其实是一种为不良行为找借口的方式。其实，自我关怀为我们提供了足够的安全感，让我们能够承认错误，而不需要指责他人。研究表明，自我关怀的人愿意为自己的行为承担更多的责任[35]；而且，如果他们冒犯了别人，也更愿意道歉[36]。

"如果我放松了对自己严格的批判，哪怕只有一瞬间的放松，我就不能达成生活中的目标了。那是我成功的动力。对有些人来说，自我关怀很好，但我在生活中的标准很高，我有远大的目标。"

最常见的疑虑是，自我关怀可能会破坏我们取得成就的动力。许多人相信自我批评是一种有效的动力，但事实并非如此。自我批评会破坏自信，导致我们对失败的恐惧。如果我们能自我关怀，我们依然拥有追求目标的动力——并非因为我们不够好，而是因为我们关心自己，想要实现自我全部的潜能（见第 11 章）。研究发现，自我关怀的人拥有很高的目标，只是他们不会在失败时苛责自己[37]。也就是说，他们没有那么害怕失败[38]，在失败后更愿意继续尝试，并坚持不懈[39]。

镜子，墙上的镜子

在和别人谈论自我关怀时，我们常常听到下面这样的评价。

"这就像《周六夜现场》（*Saturday Night Live*）的斯图尔特·斯莫利（Stuart Smalley）一样，对吧？就像他总是对着镜子说'我很好，我很聪明，该死的，人人都喜欢我'，是吧？"

要真正地理解自我关怀，很重要的一件事是将其与一个相近的概念区分开来——自尊。在西方的文化里，高自尊意味着鹤立鸡群——要与众不同、超过常人。当然，其中的问题在于，要**每个人**都同时超过平均水平是不可能的。虽然我们可能在某些领域出类拔萃，但世界上总是有比我们更美、更成功、更聪明的人，也就是说，只要我们拿自己去与那些比我们"更好"的人相比,我们就会觉得自己是个失败者。

自我关怀不应该与自尊混为一谈。

然而,如果我们渴望超过常人,又想保有高自尊这种难以捉摸的感觉,就可能产生某些非常糟糕的行为。为什么十二三岁的青少年会开始欺负他人?与那个刚刚被我欺负过的软弱无能的书呆子比起来,如果我能显得像个强悍的酷小孩,我的自尊心就能得到极大的提升。我们为什么充满偏见?如果我们相信自己的民族、性别或国籍比别人的更好,我的自尊也能得到提升。

自我关怀与自尊不同。尽管它们都与心理幸福感紧密相关,但它们有着下列显著的区别:

- 自尊是对自我价值的积极评价。自我关怀根本不是一种评判或评价。相反,自我关怀是带着善意与接纳的态度来理解"我们是谁"这一不断变化的概念——尤其是在我们失败或觉得自己不够好的时候。
- 自尊要求我们觉得自己比别人好。自我关怀要求我们承认人人都是不完美的。
- 自尊往往是只能共享乐,不能共风雨的朋友。我们成功时,它会陪在我们身边,但在我们最需要它的时候(失败或出丑时),自尊就会离我们而去。自我关怀永远对我们不离不弃,即使在我们跌入低谷时,它也会不断地给我们支持。当我们的自尊分崩离析时,我们会非常痛苦,但正因为很痛苦,所以我们需要善待自己。"哎呀,那真是挺丢人的。我也很为你难过。不过没关系,这是常有的事。"
- 与自尊相比,自我关怀不太依赖条件[40],如美丽的外表或成功的表现,并且从长期来看,自我关怀会提供更加稳定的自我价值感。与自尊相比,自我关怀不会导致那么多的社会比较和自恋。

练习　自尊对你的影响

- 如果有人给你反馈，说你在某个你很关心的生活领域里（如工作、养育儿女、友谊、恋爱）表现平平，你会有哪些感受？

- 如果有人在你特别关心的事情上做得**更好**（如销售业绩更好，在同学聚会上做的饼干更好吃，篮球打得更好，穿泳衣时更好看），你会有哪些感受？

- 如果你在某件很关心的事情上**失败**了（例如，你的教学评估不佳，孩子说你是个糟糕的父亲，第一次约会之后就再无下文），会对你产生什么影响？

沉淀与思考

或许你和多数人一样，很难接受自己做个普通人，不喜欢别人的表现比你更好，而且觉得失败的感觉糟透了。这是人之常情。但重要的是，我们需要把这些看作自尊带来的主要局限性：自尊让我们不断地与他人做比较，让我们的自我价值感完全依赖于近期的成功或失败，像乒乓球一样起伏不定。一旦我们意识到对高自尊的需求给我们造成了许多问题，就应该用全新的方式来理解自己——要自我关怀！

第 3 章

自我关怀的益处

在上课的第一天晚上,玛丽昂非常怀疑自我关怀。"自我关怀能帮我什么?我习惯于严厉地对待自己——这虽然不是理想的做法,但这是我唯一能做的。我就是这样才取得了今天的成就。我为什么要改变?我能改变吗?我怎么知道这样的改变是否安全?"

幸运的是,玛丽昂不必听信我们的一面之词。已经有 1000 多项研究证明了自我关怀对心理和生理健康的益处。

善于自我关怀的人会有更高的幸福感[41],具体体现见表 3-1。

表 3-1 善于自我关怀者的幸福感体现

更少的	更多的
抑郁	幸福
焦虑	生活满意度
压力	自信
羞愧	身体健康

尽管所有人的自我关怀程度不同，但自我关怀是可以学习的能力。研究表明，参加静观自我关怀课程（本书就是以这门课程为基础的）学习的人，其自我关怀的平均水平提高了43%。[42] 参加这门课程也能让他们更善于静观和关怀他人，体会到更多的社会联结、生活满意度和幸福感，以及较少感到抑郁、焦虑与压力。在参加静观自我关怀课程后，学员会较少回避难以面对的情绪。

这些益处多数都与学习自我关怀有着直接的联系。此外，静观自我关怀带来的自我关怀能力提升和其他益处都保持到了一年以后。自我关怀带来的好处与学员所做自我关怀练习的多少有关（既包括每周用于冥想的天数，也包括每天用于非正式练习的时间）。这项研究也表明，通过本书的多项练习，你能显著地改变你与自己的关系，进而显著地改变你的生活。

静观自我关怀练习能改变你与自己的关系，进而改变你的生活。

在外人看来，玛丽昂拥有令人羡慕的生活——两个优秀的孩子，一段美满的婚姻，有意义的工作，但她每天晚上睡觉时都很紧张：担心自己冒犯了别人，责备自己是个不称职的母亲，或者因为没有达到自己的高要求而失望。似乎没有任何办法能让她感到安心。玛丽昂是那种人人都很信赖的人，她总是能在正确的时间说正确的话，而且几乎对每个人都很友善、很支持，但这一切都不会影响她对自己的态度。她明白，改变必须从内部做起。但是，该怎么做呢？

自我关怀似乎能解决这个问题，于是她报名参加了静观自我关怀的课程。在上课之前，玛丽昂填写了"自我关怀量表"（表格见下文的"练习"），发现也许自己正是自己的头号敌人。在第一节课上，玛丽昂发现，她并不是唯一一个有这种问题的人。事实上，在遇到问题时，自我批评、自我孤立和反刍思维差不多是我们每个人的本能。

玛丽昂很快就迈向了自我关怀的下一步——承认自我批评的痛苦。她对认可的需求开始让家人和朋友感到非常烦恼，而她也意识到了自己极度渴望做一个完美的人。这种渴望的根源在于玛丽昂的童年。玛丽昂的父亲非常富有，但情感疏远；她母亲曾是选美冠军，厌恶全职母亲的乏味生活。玛丽昂非常渴望能从父母那里得到更多的温暖和亲密，但总是不能如愿以偿。在成长的过程中，玛丽昂几乎在每件事上都取得了成功，通过这种方式，她赢得了他人的关注。但这一切都是有代价的，因为成功从没有让玛丽昂得到自己想要的感觉。

当玛丽昂想起自己对于年幼孩子那深沉而无条件的爱时，她产生了第一个顿悟。玛丽昂心想："我为什么总是不让自己感受爱意呢？"玛丽昂想知道，为什么她不能让自己被那种舒服的感觉包裹住，就像有时在晚上把自己和孩子一起裹在被子里一样？为什么她不能像对朋友讲话一样，用关怀的语气对自己说话？"毕竟，"玛丽昂想道，"我和其他人一样，也需要被爱！"

就在玛丽昂允许自己去爱自己的时候，她开始感到了一些童年的渴望与孤独。不过，此时此刻，玛丽昂已经深信自己和其他人一样，应该得到关爱。她甚至开始为过去的经历感到了些许哀伤，多年来她一直在努力寻求他人的关爱，来弥补自己内心的空虚。自我关怀练习很难，但她坚持下来了。她知道这些旧日的感受需要重见天日，而她正在学习面对这些感受的技能——静观与自我关怀。现在，她能给予自己那些想从别人那里要来的东西了。

玛丽昂的家人和朋友都注意到了她身上的变化。一开始只是一些小小的变化，例如她在感到精疲力竭时会决定不和朋友出门。玛丽昂发现自己更容易入睡了，也许这是因为她再也不会细数自己在白天时做错的事情了。她偶尔还会被噩梦惊醒，比如梦见自己要在工作中做一个报告，却想不起报告的主题，但她只要把手放在心脏的位置，对自己说一些安慰的话，就能回到梦乡。玛丽昂的丈夫也发现了变化，他半开玩笑地说，玛丽昂"不再那么让人头疼了"。在 8 周的课程结束后，玛丽昂和她的家人一致认为她变得更快乐了。真正不可思议的是，玛丽昂不再因为犯错而斥责自己了，她不再需要做一个完美的人了，而是开始接纳和关爱真实的自己了。

练习　我有多关怀自己

通往自我关怀的道路往往始于一份客观的评估——我们有多关怀（或多不关怀）自己。"自我关怀量表"能够测量被试⊖善待自我和自我批判的程度，对共通人性的意识，因自身的不完美而产生的孤独感，静观自身痛苦的能力或者过度认同痛苦的程度。43 大多数研究都会用这个量表来测量自我关怀的程度，并研究其与幸福感之间的关系。请做一做这个量表，看看你的自我关怀程度如何。

下面是简版"自我关怀量表"的修订版。44 如果你想尝试完整的"自我关怀量表"，并得到计算后的得分，可以访问网站 www.self-compassion.org/test-how-self-compassionate-you-are。⊜

下面的句子描述了你在困难的时刻会如何对待自己。请在答题前仔细阅读每项陈述，并且在每一项的左边填写你做出那种行为的频率，按 1～5 计分。

⊖ 被试：心理学实验或心理学测验中接受实验或测验的对象，可产生或显示被观察的心理现象或行为特质。——译者注
⊜ 如果访问网站不顺利，也可以登录网站 http://www.hailanxfj.com，点击"静观自我关怀"，查找"自我测试"进行测量。

请回答下列第一组题项：

几乎从来没有　　　　　　　　　　　　　　　　　　　　几乎总是如此
　　　1　　　　　2　　　　　3　　　　　4　　　　　5

____ 我试着用理解与耐心的态度来对待那些我不喜欢的性格。

____ 每当令人痛苦的事情发生时，我会试着用更全面的视角来看待当下的情境。

____ 我试着将失败看作人人都会遇到的事。

____ 当我遭遇艰难困苦时，我会给予自己需要的关爱和温柔。

____ 每当我遇到烦心的事时，我会努力让自己保持平衡的心态。

____ 如果我觉得自己在某个方面不够好，我会试着提醒自己，大多数人都会有这种感觉。

请回答下列第二组题项，注意计分端点的描述与上面的题项相反：

几乎总是如此　　　　　　　　　　　　　　　　　　　　几乎从来没有
　　　1　　　　　2　　　　　3　　　　　4　　　　　5

____ 当我在重要的事情上失败时，往往会沉溺在自己不够好的感觉里。

____ 每当我情绪低落时，总觉得大多数人可能都比我幸福。

____ 当我在重要的事情上失败时，往往觉得自己是唯一一个失败的人。

____ 每当我情绪低落时，总会纠结于所有不对劲的事情。

____ 我对自己的缺陷和不足总是严加批判、持否定态度。

____ 对于我性格里那些自己不喜欢的部分，我缺乏宽容与耐心。

计分方法：

总分（12个项目得分之和）　____

平均分 = 总分 /12　　　　　____

在 1～5 分的计分表里，自我关怀的平均分约为 3.0，你可以据此为自己的平均分做出解读。粗略地看，如果自我关怀平均得分在 1～2.5 分之间，说明你的自我关怀程度较低，2.5～3.5 分说明自我关怀程度中等，3.5～5.0 分说明你的自我关怀程度较高。

> **沉淀与思考**
>
> 如果你在自我关怀上的得分比理想中的低,不用担心。自我关怀的妙处在于,它是一种可以学习的技能。你可能只需要给自己一些时间,最终你会取得进步的。

 非正式练习　自我关怀日记

请试着在一周内(如果你愿意,也可以坚持更长的时间)每天写一篇自我关怀日记。日记是一种很有效的情绪表达方式,研究也发现写日记有利于心理与身体健康。[45]

在晚上的片刻安宁中,你可以回顾今天所发生的事情。你可以在日记里写下你所有的糟糕感受、对自己的批判或者为你带来痛苦的困难经历。例如,你今天可能对餐厅的服务员发火了,因为他们迟迟没有给你拿来账单。你发表了一些很没礼貌的评论,然后气冲冲地离开了餐厅,没有留下小费。事后,你觉得既羞愧又尴尬。对于每件白天发生的难过的事,你可以试着以静观的态度、从共通人性的视角去看待,并带着善意去理解,这样就能更好地关怀自我。下面是具体的方法:

静观当下

静观主要是指用平衡的觉知来面对由自我批判或困难处境引发的痛苦情绪。写下自己的感受:悲伤、羞愧、害怕、焦虑,等等。在写的时候,请努力对自己的感受保持接纳和不带评判的态度,既不要轻描淡写,也不要过分夸张。例如,"因为服务员太慢了，所以我感到很沮丧。我生气了，反应过激了，事后我觉得自己很傻"。

共通人性

写下那些属于人类普遍经历的事情。这可能包括，承认生而为人就是不完美的，所有人都有这样的痛苦经历。("每个人偶尔都会反应过度——这是人之常情。""大家在那样的情况下，可能都会有那种感受。")你可能也想要思考这件事背后的特殊原因和条件。("可能是因为我急着去看医生，已经比预约时间晚了半小时，而当天的交通很拥堵，所以我的沮丧情绪才会那么剧烈。如果在不同的情况下，我的反应可能也会不一样。")

善待自我

为自己写下一些友善、理解的话语，就像你给好朋友写信一样。用温柔、安抚的语气写，让自己知道，你关心自己的快乐和幸福。("没关系。你犯了错，但这不是世界末日。我理解你有多沮丧，你只是失控了而已。也许你可以试着对本周遇到的所有服务员都更加耐心和慷慨一些。")

沉淀与思考

坚持写自我关怀日记，至少持续一周，然后问问自己是否发现自己的内部言语有了变化。用更加关怀自我的方式为自己写日记，给了你怎样的感受？你觉得这样能帮你应对生活中的困难吗？

虽然有些人觉得自我关怀日记是协助练习的好方法，但对另一些人来说，这可能更像一种烦琐无趣的劳动。也许这种方法值得你尝试一周左右的时间，但如果你不喜欢写日记，你可以跳过写作的部分。重要的是，我们要练习自我关怀的三步骤——静观我们的痛苦，记住这种不完美只是人类的共同经历，还要善待自己、支持自己，因为当下的处境很艰难。

第 4 章

自我批评和自我关怀的生理机制

保罗·吉尔伯特是关怀聚焦疗法（compassion-focused therapy，CFT）㊀的创立者[46]，他认为，我们在批评自己的时候，会启动身体的威胁－防御系统（有时也被称作"爬行动物脑"）。我们对感知到的危险做出反应的方式有多种，在这些方式中，威胁－防御系统的反应最为迅速，也是最容易被触发的。也就是说，当事情出错的时候，自我批评往往是我们的第一反应。

威胁－防御系统之所以形成[47]，是因为当我们在感知到威胁的时候，杏仁核（大脑中登记危险信息的部分）会被激活，身体会释放皮质醇和肾上腺素，做好战斗、逃跑或僵住的准备。这套系统很擅长保护我们的身体免遭不测，但在当今时代，我们所面临的大多数威胁都是对我们自我意向与自我概念的挑战。

当我们觉得自己不好时，自我概念就会受到威胁，所以我们会攻击问题的所在——我们自己！

㊀ 关怀聚焦疗法（compassion-focused therapy）也译作"慈悲聚焦疗法"，本书对 compassion 采用"关怀"的译法。——译者注

每当我们感到威胁，心理和身体都会承受压力。长期的压力会导致焦虑和抑郁，这就是为什么习惯性的自我批评对情绪和身体的健康都很不利。在自我批评的时候，我们既是施暴者，也是受害人。

幸运的是，我们不仅是"爬行动物"，我们还是"哺乳动物"。在演化的进程中，哺乳动物的幼体在出生时的发育非常不成熟，需要经过更长的成长周期才能适应生活环境。为了在这段脆弱的时期内保证幼体的安全，哺乳动物的养育行为系统得以发展[48]，促使父母和后代待在一起。

养育行为系统被激活时，哺乳动物体内会释放催产素（爱的激素）和内啡肽（让你产生良好感觉的天然阿片类物质），这些激素会降低压力，提升安全与有保障的感觉。抚慰的触摸与温和的语音是两种激活养育行为系统的可靠方式[49]（你可以想象一下猫咪的咕噜声和舔舐小猫的样子）。

关怀，包括自我关怀，都是与哺乳动物的养育行为系统相连的。这就是为什么我们在觉得自己不够好时关怀自己，能让我们感到安全，仿佛得到了照料，就像孩子蜷缩在父母温暖的拥抱里。

当我们觉得不安全时，自我关怀就像从父母那里得到安抚一样。

自我关怀能帮我们减少对威胁做出的反应。当我们的自我概念面临威胁时，就会触发压力反应（战斗－逃跑－僵住），我们很容易做出三种对自己不利的反应。我们会陷入与自己的斗争（自我批评）、远离人群（孤立），或者进入僵住状态（反刍思维）。这三种反应恰好是自我关怀三要素（善待自我、共通人性、静观当下）的反面。表4-1说明了压力反应与自我关怀之间的关系。

表 4-1　压力反应与自我关怀的关系

压力反应	压力反应内化	自我关怀
战斗	自我批评	善待自我
逃跑	孤立	共通人性
僵住	反刍思维	静观当下

当我们践行自我关怀时，我们会关闭威胁-防御系统，激活养育行为系统。例如，在一项研究中，研究者要求被试想象自己得到了关怀，用身体去感受关怀带来的体验。[50] 在研究的每一分钟里，研究者都会对被试说这样的话："允许自己去感受莫大的关怀；允许自己去感受那份专属于你的善意与关爱。"研究发现，被试听过这些指导语之后，他们在想象练习后的皮质醇水平会比控制组更低。被试在实验后也表现出了更高的心率变异性。人们感觉越安全，在应对环境变化时的开放性与灵活性也更高，而这种开放性和灵活性就体现在他们在面对刺激时的心率变化程度上。所以，可以说当被试给予自己关怀的时候，他们的心胸变得更加开放，减少了戒备与防御。

托马斯是个善良尽责的人，他在教会做义工，而且总是愿意帮助他人。他也总是不断地批评自己。他几乎能在所有的事情上批评自己——不够成功、不够聪明、付出不够。他对自己太苛刻了！只要托马斯发现了自己做的任何事没达到自己的要求，他就会责骂自己。"蠢货、失败者。"不断的自我批评让他疲惫不堪，而他也开始产生了抑郁的症状。

托马斯在得知受到威胁的感觉与自我批评有关之后，托马斯开始思索自己到底在害怕什么，以至于他会如此批评自己。他立刻就明白了，原来他害怕遭受排斥。在托马斯小的时候，他曾遭受过严重的霸凌，因为他的学习风格与常人有差异，一向与大伙格格不入。他心中有一部分自己相信，如果他现在因为自己的不足而欺负自己、攻击自己，就能产生奇迹般的效果，鞭策自己做得更好，这样别人就会接纳他，而他也能保护自己免受批判的痛苦——他赶在别人之前痛击自己。当然，自我批评是没用的，只会让他陷入抑郁。

托马斯也得知，他能够通过激活养育行为系统来让自己感到安全——只需要做一些简单的事，例如用友善、理解的态度对自己讲话，所以他放手一试。当他又开始劈头盖脸地责骂自己时，他会及时发现："我知道你很害怕，你在试图保护自己。"渐渐地，他学会了再说一些这样的话："没关系。你不是十全十美的人，你已经尽了最大的努力。"尽管自我批评的习惯还很顽固，但发现这种习惯的来源能帮助托马斯免于深陷其中，并让他心怀希望：在不久的将来，他能够学会用童年时从未感受过的善意与接纳来对待自己。

非正式练习　放松触摸

尽管这种触摸在一开始显得有些"肉麻"（的确如此），但运用身体触摸的力量来帮我们触发关怀反应，是一种很有用的方法。我们可以把一只手或双手放在自己的身体上，用温暖、关爱和柔和的方式碰触自己，这样就能让我们感到安全和舒适。重要的是，要注意不同的触摸方式会在不同的人身上引发不同的情绪反应。我们希望你能找到一种能让你真正感到支持的触摸方式，这样一来，每当你处于压力之中时，就能用这种方式来安抚自己。

什么样的触摸方式才能让我感到安全和舒适？

找一个私密的空间，这样你就不必担心有人会看见你了。下面是一系列用触摸安慰自己的方式。你可以试试下面的方法，也可以探索自己的方式。你可以闭着眼睛做这种探索，这样你就能关注哪种感觉最好。

- 把一只手放在心上；
- 把两只手放在心上；
- 轻轻地抚摸自己的胸部；
- 用手握住另一只拳头，放在心上；
- 一只手放在心上，另一只手放在肚子上；
- 把两只手放在肚子上；
- 把一只手放在脸颊上；
- 用两只手捧着脸；
- 轻轻地抚摸自己的胳膊；
- 双臂交叉，给自己一个温柔的拥抱；
- 用一只手轻柔地握住另一只手；
- 用手掌盖住自己的大腿。

请继续探索，直到你找到了一种让你真正感到舒适的触摸方式——每个人都是不一样的。

沉淀与思考

在做这项练习时，你有哪些感受和想法？你是否找到了一种让你真正感到安慰和支持的触摸方式？

如果你找到了适合自己的触摸方式，请在生活中每次感到压力或痛苦的时候，尝试用这种方式来安抚自己。帮助自己的身体感到关爱与安全，也能让你的心灵感觉好些。

但是，当我们试图给自己放松触摸时，有时会感到尴尬。事实上，此时常会出现"回燃"（backdraft）现象——我们会在第

> 8 章进一步讨论这个概念。**回燃**是指当我们试图善待自己的时候，触及了旧日的伤痛，比如想起了我们没能得到善待的经历。这就是为什么放松触摸有时让我们感觉不到安慰。如果出现了这种情况，你可以试着触摸一些温暖而柔软的物体，例如摸一摸猫狗，或者抱一抱枕头。或者，更加坚定的触摸也许会让你感觉更好，比如轻拍或捶打自己的胸口。此时的重点是，用能够满足自身需要的方式来表达关爱与善意。

 非正式练习　即时自我关怀

这项练习的目的是，当我们在生活中遇到困难时，不要忘记运用自我关怀的三种核心要素——静观、共通人性和善待自我。这项练习也运用了抚慰触摸的力量，帮助我们感到安全和关爱。重要的是要找到对你个人有效的语言——你不想在心里争论这些话语是否有道理。比如，有些人倾向于使用"困境"而不是"痛苦"，也有些人倾向于用"支持"或"保护"，而不喜欢用"善意"。你可以尝试几个不同的词语，然后用那些自己接受的语言来做练习。

读完下面的指导语后，你可以尝试闭上眼睛练习，这样你就能更深入内心。你也可以在网上找到这项练习的引导录音（详细信息参见附录 B "音频文件清单"）。

- 想象一个在生活中给你带来压力的困境，例如健康问题、关系问题、工作问题，或者其他的困境。

  选择一个中等程度的问题，不要选太严重的问题，因为我们想逐步培养自我关怀的资源。

- 想象你在脑海中清晰地看见了当时的情境。那是一番怎样的景象？谁在说话？说了什么？对谁说的？发生了什么事？可能会发生什么事？

当你在脑海中想象这个困境时，你能感到身体上的不适吗？如果不能，就选择一个稍微严重一点的问题。

- 现在，试着对自己说："这就是痛苦的时刻。"
    - 这就是静观。也许其他的话语更能表达你的感觉。例如：
        - ◆ 这很痛苦。
        - ◆ 哎哟。
        - ◆ 压力太大了。
- 现在，试着对自己说："痛苦是生活的一部分。"
    - 这就是共通人性。还有一些其他的说法可供选择：
        - ◆ 我不是唯一感到痛苦的人。
        - ◆ 每个人都有这样的经历，就像我一样。
        - ◆ 人们面临困境的时候都会有这种感觉。
- 现在，用你在上一个练习中学到的放松触摸方法来安抚自己。

    与此同时，试着对自己说"愿我善待自己"，或"愿我满足自己"。也许在这个困难的情境中，你想听到一些特别的话语，才能感到善意与支持。下面是一些可能有用的选项：
    - 愿我接纳真实的自己。
    - 愿我开始学着接纳自己。
    - 愿我宽恕自己。
    - 愿我坚强。
    - 愿我耐心。
- 如果你找不到合适的话语，那就想象自己的亲密朋友或你爱的人也遇到了同样的问题。你会对这个人说什么？你想向朋友传递哪些发自肺腑的信息？

    现在，看看你能否向自己传达这些信息。

> **沉淀与思考**
>
> 花一些时间来反思这项练习给你带来了什么感受。你在说出第一句话（"这就是痛苦的时刻"），开始静观之后，有没有注意到什么现象？有没有产生变化？
>
> 第二句话呢？就是那句让你想起共通人性的话。或者第三句话，就是善待自己的那句话，有没有让你产生变化？你是否找到了愿意对朋友说的善意的话语？如果找到了，那么对自己说这些话有何感受？是更简单，还是更难？
>
> 有时，我们需要一些时间才能找到对自己有用的话语，才能感到这些话语发自肺腑。如果自己进步缓慢，请允许这种现象存在——你最终会找到合适的话语的。
>
> 请注意，这项非正式练习可以作为一种冥想的形式，慢慢地做；你也可以把这些话语作为三条在日常生活中帮助你应对困境的祷言。

 非正式练习　自我关怀动作

这项非正式练习可以在你拉伸放松的时候做。你既可以睁着眼睛做，也可以闭着眼睛做。重点在于用动作由内而外地表达关怀，不一定非要按照书上写的方式来做。

锚定

站起身来，感受脚底踩在地板上的感觉。向前后左右稍稍晃动几下。用膝盖画几个圈，感受脚底感觉的变化。将意识锚定于自己的脚上。

开放

现在，让自己的整个意识变得更加开放，扫描全身的感受，注意身上感到放松和紧张的区域。

关怀的回应

- 现在，花一些时间，把注意力放在任意感到**不适**的地方。
  - 逐渐移动自己的身体，要让自己感到舒服——关怀自己。比如，你可以轻轻地扭动双肩、转动头部、转动腰部、前倾……只要能让你现在感觉舒适即可。
  - 给予自己身体所需的时间，让身体来引导你。
  - 有时身体会让我们失望，有时我们不喜欢身体的外观、感觉或动作。如果你有这种感觉，请花些时间，静静地陪着自己，与自己温柔的心灵待在一起。你的身体已经尽力了。你现在需要什么？

逐渐静止

- 最后，让身体逐渐恢复静止。再次回到直立状态，感受全身的感觉，注意身体发生的变化。
  - 允许自己处在当下的真实状态中。

沉淀与思考

花一些时间来反思这项练习给你带来了什么感受。在通过拉伸来回应不适，刻意地关怀自己时，你是否有一些不一样的感受？你能否找到一种活动的方式来满足自己身体的需要？

这项练习可以在一天内做许多次。拉伸之后的身体是否感觉更好，其实不如刻意关注身体里的紧张部位并给予关怀的回应重要。我们时常会忽略身体里微妙的求助信号，养成查看并有意满足自身需要的习惯，非常利于我们与自我之间形成更加健康和更具支持性的关系。

The Mindful
Self-Compassion
Workbook

第 5 章

自我关怀的阴与阳

乍看之下，关怀似乎有一种柔弱的特性，只与安慰和安抚有关。因为关怀他人属于养育行为，尤其是对儿童的关怀，我们可能也会本能地将其与更传统的女性性别角色规范联系起来。[51] 这是否意味着自我关怀并不适合我们所有人呢？请扪心自问：冲进燃烧的房间救人，或加班加点养家糊口，难道不也是一种关怀吗？这些行为与男性气质和行动导向的性别角色规范的联系更强，而且我们很难将其看作柔弱的行为。很明显，我们需要拓展文化对于关怀和自我关怀的理解，这样才能容下其多样化的表现形式。

当我们在探索自我关怀中的特性时，我们发现其中既有女性特质，也有男性特质，就像所有人都会表现出女性与男性的特质。在中国的传统文化中，这种二元性体现在**阴**与**阳**的概念里。阴阳的理念建立在这样的假设之上：所有看似对立的特点，如男—女、明—暗、主动—被动，都是相互补充又相互独立的。也就是说，认同自己是男性或女性的人，都需要相反的特质来使自己保持平衡。值得注意的是，阴阳标志的两边内部，都包含着一个对立颜色的点，见图 5-1。

图 5-1　太极图

- 自我关怀的**阴**，包括怀着关怀之心与自己"在一起"的特质——**安慰、安抚、认可**自己。
- 自我关怀的**阳**，意味着"在世间采取行动"——**保护、满足、激励**自我。

莫妮克对自我关怀有些怀疑。她在一个治安糟糕的社区长大，她会骄傲地对每个愿意聆听的人说，她在小时候是如何凭借坚毅与街头智慧生存下来的。只要她遇到了困难，她就会迎难而上，决不迟疑。她近期被确诊患有多发性硬化症，此时，她解决问题的惯常方法就不太有用了。每当莫妮克因为自己的病情以及休息放松的医嘱而感到脆弱和害怕时，她的家人、朋友，甚至医生都不得不忍受她的训斥。暴躁的行为通常能让莫妮克免于直面自己的情感，但对于多发性硬化症却爱莫能助。而自我关怀提倡的温柔和友善地对待自己，对于莫妮克来说简直恶心至极，她认为自己是坚忍克己的人。

哈维尔的问题则恰恰相反。虽然他的童年也不幸福，他的继父常常对母亲呼来喝去，但他学会了在阅读中寻求庇护，尽量不惹麻烦，静静地等待家庭冲突的平息。哈维尔在很小的时候就明白，对抗只会让事情变得更糟。现在哈维尔已经 20 岁出头，大学毕业了，而他需要继续自己的生活，从赚到足够的钱搬离母亲的地下室开始做起。但是，哈维尔不知道自己能否做到这一点。为了离开家，他在医院找了一份护工的工作，但却感到深深的不满足。哈维尔需要有人相信他,并且鼓励他去争取自己力所能及的成就。

静观自我关怀包含了许多实践与练习,每个人都能探索并发现对自己最有用的方法。有些方法比较偏向于"阴"性,有些比较偏向于"阳"性,不过大多数方法都包含这两方面的性质。表5-1列出了本书中的一些练习样例,并说明了这些练习在一般情况下对应的是自我关怀的阴性还是阳性。当然这些性质是相互作用、相互独立的。比如,当我们承认自己的需要时,我们往往会在生活中找到满足这些需要的动力。

表 5-1 培养自我关怀的阴与阳

	特性	练习
阴	安慰	即时自我关怀(第4章) 日常生活中的自我关怀(第8章) 给自己慈爱(第10章)
	安抚	放松触摸(第4章) 自我关怀呼吸(第6章) 放松—安抚—允许(第16章)
	认可	做一个即使身陷困境也能充满关爱的人(第13章) 给情绪命名(第16章) 自我欣赏(第23章)
阳	保护	脚底静观(第8章) 平静的关怀(第19章) 有力的关怀(第20章)
	满足	发现我们的核心价值(第14章) 满足我们的情感需求(第18章) 满足未被满足的需求(第20章)
	激励	找到你的关怀之声(第11章) 给自己写一封关怀的信(第11章) 活出生命的誓言(第14章)

有一个共同的主线贯穿了所有这些练习,那就是友善、关爱的态度。有时自我关怀的形式是抚慰,是温和地靠近那些难过的情绪(安慰);有时自我关怀要求我们坚定地说"不",并远离危险(保护)。有时,自我关怀

是指用温暖和柔和的方式告诉我们的身体一切都好（安抚）；有时自我关怀又意味着弄清并满足自己的需要（满足）。有时，自我关怀要求我们接纳真实的现状并保持开放的态度（认可）；有时又意味着我们需要为此行动起来（激励）。

　　莫妮克很熟悉那些阳性特质，如面对困难、争取安全与幸福的力量、行动和决心。她知道如何保护和满足自己。她的阴性特质，那更具容纳性的方面相对发展不足。也许在她小时候，要接受并承认"现状"是不安全的。莫妮克的多发性硬化症要求她学习新的技能，这样才能渡过难关。莫妮克的朋友给她讲了"即时自我关怀"练习（第4章），这个练习结合了自我关怀的不同元素，并特别强调了承认现状（"多发性硬化症真的很可怕"）、意识到自己并不孤单（"身患重病差不多会让所有人都觉得既脆弱又孤单"），并且对自己说一些安慰的话语："一切都会好的。让我们每天进步一点点，逐步解决这个问题吧。""即时自我关怀"练习为莫妮克打开了自我关怀的大门。但是，自我关怀对她来说并非易事，因为她在年幼脆弱的时候，在关系中有过许多伤痛。但莫妮克勇敢过人，多发性硬化症也带来了积极的一面——由于莫妮克不得不接纳自己的现状，她开始感到了一种悦纳的内在平和，而她之前完全不知道自己能达到这种境界。

　　相比之下，哈维尔就没有那么多的动力了，但他有一颗温柔的心。他的动力被暴躁易怒的继父消磨殆尽了，在家什么事都必须听继父的，而哈维尔学会了躲在不起眼的角落里回避冲突。然而，他现在需要力量和勇气才能走进这个世界。碰巧的是，他在医院里看到了一张传单，传单里介绍了一门针对医务工作者的短程自我关怀培训课。在这门课里，哈维尔发现，那个让他在家低调行事、保持安全的内在声音，现在正在邀请他走出阴影。对于哈维尔来说，最有用的自我关怀练习就是给自己写一封充满关怀的信（第 11 章），用善意来鼓励自己，就像他给一个处境相似的挚友写信一样。他每周都给自己写一封信，他逐渐在心中发现了新的声音——他内心里的教练正在场边为他加油。渐渐地，哈维尔能够为自己争取过上有意义的人生所需要的东西了——他的核心价值观，而他为了在生活中践行这些价值观，也迈出了坚实的步伐。

练习　我现在需要自我关怀的哪些方面

自我关怀有多个方面，可能比你当初想象得要多。下面列出了自我关怀的一些阴和阳的特性。请仔细审视这些特性，思考你现在最需要哪些东西。这样能帮助你在阅读本书的时候，理解自我关怀能够怎样帮助你。

阴

- **安慰**。安慰可能是我们会为一个深陷困境的挚友做的事情。安慰是指帮助痛苦的人感觉好一些，尤其是为他的**情感**需求提供支持。这是你现在需要的吗？在你难过的时候，学习如何给自己更多的安慰，你觉得能为你提供帮助吗？

  ....

  ....

  ....

- **安抚**。安抚也是帮助一个人感觉好些的方法，而安抚尤其是指帮助某人的**身体**感到更加平静。你需要更多的安抚吗？你想要自己的身体感到更加舒适和放松吗？

- **认可**。我们也可以帮助某人清晰地理解自己所经历的事情，并且用友善和温和的语气告诉她实情，以此来让她感觉更好。你是否感到孤单、不被理解，并且需要这种认可？学习认可自己的感受，能否对你有所帮助？

阳

- **保护**。走向自我关怀的第一步就是感到安全，免受伤害。保护意味着拒绝那些伤害我们的人，或终止那些我们对自己造成的伤害，而这些伤害往往是无意识的。你现在是否正承受着某种伤害，你想要找到制止伤害的内在力量吗？

- **满足**。满足是指真正地满足我们自己的需要。首先我们必须**知道**自己有哪些需要，然后我们需要相信自己的需要**应当**被满足，最后我们需要采取行动，努力满足自己的需要。在这件事上，没有人能比我们自己做得更好。你想学习如何更有效地满足自己的需要吗？

- **激励**。我们大多数人都有此生想要实现的梦想和志向，也有短期的小目标。自我关怀就像一个好教练一样，它会用善意、支持和理解来激励我们，而不会苛责我们。如果学着用爱，而不是用恐惧来激励自己，你觉得会有帮助吗？

沉淀与思考

我们希望，在你阅读本书的时候，脑海里会不断地出现"现在我需要什么"这个问题。即使你还不知道答案，或者你目前还没有能力满足自己的需要，但仅仅是自问这个问题，就已经能让自己体验到片刻的自我关怀了。

The Mindful
Self-Compassion
Workbook

第 6 章

静　　观

　　静观是自我关怀的基础。我们首先需要走出痛苦的情境，用静观的态度来面对我们的痛苦，然后才能善待自己。我们可以把静观定义为"用接纳的心态觉察当下的体验"。[52] 然而，现在还没有一个定义能完全把握住静观的本质，因为静观涉及一种先于概念而存在的觉知。也就是说，当我们在静观的时候，我们能直接感受这个世界，而不借助思维的透镜。

> 如果我们不能静观自己的苦难，就无法
> 以关怀回应自己的痛苦。

　　思维即表征——代表现实的符号，而不是现实本身。你闻不到、尝不到也吃不下"苹果"这个词。当我们的意识下降到思维层面以下、直接接触自己的体验时，我们就能触及现实那不断变化的本质。这个时候，我们能放下现实"应该"是什么样的想法，对其真实的原貌保持开放的态度。这就意味着，当我们忍受痛苦时，我们就能心怀勇气，觉察当下，放下

"到底发生了什么"的叙事,仅仅与事实本身,与我们自己"待在一起"。

特雷尔举起手来,开始讲述自己在家练习静观时的情景。"最近,我们不得不给我家的猫做安乐死,我的心都碎了。我的伴侣拉马尔和我在12年前开始养它——它就像是我们亲爱的孩子一样。从兽医办公室回家之后,我觉得再也受不了了,但我想起了静观的要求,要承认当下的痛苦,试着觉察身体里发生的变化。我告诉自己,'现在太让人难过了。'我觉得腹部深处有种疼痛的感觉,就像有人踢了我一脚。悲痛的感觉让我几乎难以承受,但我努力与那种感觉待在一起。事实上,我现在仍然有那种感觉,但我没有被那种痛苦吞噬。我能忍受那种痛苦。"

从许多角度来看,静观都是一种简单的技巧,因为它只要求我们运用所有的五种感官,在事情的当下留意到底发生了什么。举个例子,你可以用片刻的时间来试着关注每种感官所接受的信息,依次体验每种感官。

- **听觉**——闭上眼睛,花些时间来倾听周围环境里的声音。让这些声音传入你的耳中。留意自己听到了哪些声音,依次倾听每一种声音,在心中确认。没有必要说出你听到了什么。
- **视觉**——睁开双眼,用柔和的眼神、宽广的视野来注视身边的环境。再次留意自己所看到的事物,依次留心每一种视觉感受。
- **触觉**——再次闭上眼睛,注意身体与椅子接触的感觉,或者双脚触碰地面的感觉。
- **嗅觉**——把手放在鼻子上,留意皮肤上散发的各种气味。
- **味觉**——注意现在自己的嘴里有没有任何味道,也许你之前吃过或喝过的东西还留有余味。

虽然片刻的静观是很容易做到的,但**保持**这种心灵的状态却很难,因为这与大脑的自然倾向截然相反。神经科学家发现了一个相互连接的大脑区域网络，当头脑处于静息状态时，该网络就会激活，当头脑专注于某项任务的时候，该网络就会停止活动，这个网络就叫**默认模式网络**（default mode network）。[53] 默认模式网络包括大脑中线区域、从前至后的结构。如果没有什么特别的事物吸引我们的注意力，这些部分就会高度活跃，我们就会走神。

默认模式网络主要做三件事情：（1）它创造了我们对自我的感觉；（2）将自我置于过去或未来；（3）寻找问题。举个例子，你是否曾经有过这样的经历，你坐下来吃饭，在不知不觉间，就把一整盘食物都吃光了？你的思绪飘向了何方？你的身体在进食的时候，你的心灵正在别处——迷失在默认模式网络中。大脑会利用自己的"空闲"时间，关注需要解决的潜在问题。这从演化的视角来看是有益的，因为我们能借此预见威胁我们生存的危险，但这样的生活却不太令人愉快。

一般而言，我们的本能是求得生存，而不是追求幸福。

当我们的默认模式网络激活时，我们往往身陷困境，但我们的心灵却缺乏对此时此地的意识，**不知道**我们正处于挣扎之中。当我们能够静观时，我们就能觉察内心的话语，而不会迷失在其中。这里有一个常用的比喻：静观就像坐在电影院里观看影片，而不是在舞台上被卷入剧情之中，在主角即将被推下悬崖的时候，我们会紧张地抓住座椅的扶手。突然，邻座的人打了个喷嚏，这时你意识到："哦，对了，我是在看电影呢！"

静观给心灵以空间，有了心灵空间，我们就有了选择如何**回应**某个情境的自由。静观在自我关怀训练中是举足轻重的，因为当我们感到痛苦时，静观打开了关怀之门。比如，我们可以问自己："我现在需要什么？"然后试着像对待好朋友一样安慰和支持自己。

研究表明，定期练习静观有一个好处，那就是停止默认模式网络的激活[54]，不论是在做冥想的时候，还是在日常的活动中[55]，都能产生这样的效果。也就是说，我们越练习静观，就越能为自己做出更好的选择，包括选择自我关怀。

 冥想　自我关怀呼吸

下面的冥想练习能让你的心变得更加专注和平静。这是一种常见的静观冥想——呼吸冥想，并且增加了一些建议，能将你的关爱之情带入其中。（这次冥想的指导语录音详见附录 B "音频文件清单"。）

本书中的多数冥想指导都会要求你闭上眼睛，不过，闭上眼睛之后，你就没法看书了。因此，如果你没有指导语录音，你可能需要在冥想练习之前先读几遍指导语，或者先读，再闭上眼睛做几分钟练习，然后睁开眼睛继续阅读。不论你采取哪种方法，都尽量保持轻松的心态来做冥想练习。请记住，这个练习不一定非要做到尽善尽美（尤其是我们的目标是自我关怀）。

- 找一个舒服的姿势，这个姿势要能够支撑你做一次完整的冥想。然后轻轻地闭上眼睛，既可以完全闭上，也可以眯眼微张。做几次缓慢地、轻轻地呼吸，舒缓身上所有不必要的紧张状态。
- 如果你愿意，可以把手放在心上，或其他任何让你感到安抚的位置。这样我们就能记住，我们不仅要觉察呼吸和自身，还要带着**关爱**的感情去觉察。你可以把手放在那里，或者在你愿意的时候，把手放回原处。
- 请注意身体里的呼吸，感觉你的身体在吸气、呼气。

- 请注意身体如何在吸气中获得滋养,如何在呼气中得到放松。
- 看看你能否**让身体带领你呼吸**。你不需要主动做出任何努力。
- 现在,请注意你呼吸的**节奏**,气流进出的节奏。花些时间来**感受**呼吸的自然节奏。
- 感受**全身**随着呼吸的轻微起伏,就像海浪的起落。
- 你会很自然地神游天外,你的心灵就像一个好奇的孩子、一只可爱的小狗。当你发现自己走神时,只需要轻轻地回到呼吸的节奏上即可。
- 允许你的全身感受温和的摇晃和抚摸,感受那种呼吸带来的内部的爱抚。
- 如果觉得可以的话,试着**将自己托付给**呼吸,让呼吸变成唯一存在的事物,只有呼吸,**成为**你的呼吸。
- 现在,轻轻地放松自己,让自己专注在呼吸上,静静地坐在那里,沉浸在自己的感受之中,允许自己去感受自己体验到的任何感觉,允许自己以现在的这个样子存在。
- 缓慢地、轻轻地睁开你的眼睛。

沉淀与思考

请花一些时间来反思刚才的经历:"我注意到了什么?""我感觉到了什么?""我现在感觉如何?"

如果你了解呼吸冥想,那么请将关爱与欣赏带入练习,允许自己的呼吸来安抚自己之后,你又有怎样的感受?

你有没有发现,当你**享受**呼吸的时候,你变得更加专注了?

成为呼吸与努力关注呼吸之间有没有差异?

你可能会发现,自己在冥想的时候频频走神。所有人的心灵都会如此——这是默认模式网络的作用。请不要因为有一个爱走神的人类大脑而责备自己，如果你责怪了自己，也请因为自己拥有共通的人性而给自己一些关怀。

我们在做呼吸冥想的时候，有时会关注某个特定部位在呼吸时的感受，例如空气在鼻孔里进出，这对有些人来说，会限制他们的心灵。如果你在自己身上发现了这种现象，看看自己能否更加关注身体在呼吸时的运动。换句话说，你可以更加关注呼吸带来的轻柔的晃动，而不是关注呼吸本身。

这就是静观自我关怀课程的三个核心冥想中的一个，所以你可能需要连续几天花上 20 分钟来尝试这个练习，直到你掌握其中的要领。如果这项练习能让你感到安抚和平静，你就可以把它作为一项常规的冥想练习。不要忘了，我们推荐你将一些正式练习（冥想）和非正式练习（日常活动）结合起来，每天练习 30 分钟左右。

 非正式练习 "此时此地"石

找一块你特别喜欢的小石头，然后尝试以下练习：
- 首先，仔细观察你的石头。留意石头的颜色、边缘的角度，以及石块表面反射出来的光芒。允许自己享受观察这块石头的过程。
- 然后，用你的触觉探索这块石头给你的感受。它是光滑的，还是粗糙的？它表面的温度如何？
- 让自己全神贯注地聚焦在这块石头上，让自己沉浸在把玩这块漂亮石头的体验里。

- 允许自己运用所有的感官来感受这块石头,欣赏它的独特。
- 当你带着欣赏之情、全身心地关注这块石头时,你会发现此时就不再怀有对过去的后悔和对未来的担忧了。你很"自在"地待在了此时此地。

沉淀与思考

当你把自己的觉知锚定在"此时此地"石上的时候,你注意到了什么?

当你全神贯注地关注这块石头时,你的默认模式网络激活(走神)程度是否有所降低?如果的确如此,那么你可以把这块石头看作你的"魔法石",因为它能关闭你的默认模式网络。

从今往后,你可以随身带着这块石头。每当你被情绪吞没的时候,就用手指摩擦一下这块石头。感受手指触摸石头的感觉,享受这种感觉,然后自在地回到此时此地。

非正式练习　日常生活中的静观

- 我们可以在一天中的任何时刻练习静观——刷牙的时候、从车库去办公室的路上、吃早饭的时候,或者在手机铃声响起的时候。
  - **选择一项日常活动**。你可以选择早上喝咖啡、洗澡,或者穿衣服。如果你愿意,可以选一项较早的活动来练习静观,此时你的注意力还没有被引向四面八方。
  - 在这项活动中**探索一种感官体验**,例如喝咖啡时的味道,或者洗澡时水流触碰身体的感觉。

- **让自己沉浸在那种体验里**，尽情享受其中。当你发现自己走神的时候，让自己的心神一遍又一遍地回到这种感觉上来。
- **将温和、友善的觉知带进**这项活动，一直持续到活动的结束。
• 试着在一周内，每天做这项活动的时候都坚持带入静观的觉知。

沉淀与思考

将静观带入日常生活之后，你有没有发现什么变化？

如果你觉得难以定期练习冥想，可以试着每天花几分钟时间来做非正式的静观练习，这样也能养成觉察当下的习惯。非正式练习绝非不重要，因为我们的目标实际上是将觉知尽可能多地带到我们生活的每时每刻中去。

The Mindful
Self-Compassion
Workbook

第 7 章

放下对抗

静观不仅是注意当下发生的事情，还包括特定注意的性质——要**接纳**发生的事情，而不要迷失在好坏的评判里。我们通常称这种态度为**不对抗**。当我们认为某一时刻应该有别的体验，而不是当下的体验时，就会产生心理斗争，而这种心理斗争，就是对抗。

举例来说，我们在交通拥堵时的对抗可能就是这样的：**该死的！高速公路堵得水泄不通。今天的晚餐我又得迟到了！我简直不敢相信，那个愚蠢的混蛋竟然想从入口匝道插到我前面去。我真是受不了了，我真想大吼一声！**

接纳意味着即使我们可能不喜欢现在发生的事情，但我们也会承认这件事的确已经发生了，并且放下事情不如所愿的执念。

接纳更像是这样的：**又堵车了。好吧，考虑到现在已经到了晚高峰的时候，堵车也是意料之中的事情。就算发脾气也不会让我早点儿回家。**

我们怎样才会知道自己在对抗呢？以下是一些对抗的表现：心烦意乱、身体紧绷、迷失在担忧或反刍思维里、过度工作或过度进食、生气、烦躁或麻木。这些都是我们试图对抗不愉快体验的方式。对抗并非一无是处。如果没有对抗，高强度的生活事件可能会让我们不堪重负。对抗能在短期内帮我们保持良好的功能，但也能造成长期的负面后果。

> 我们越是对抗，烦恼越是挥之不去。

遗憾的是，当我们对抗不愉快的体验时，这些体验往往不会消失；相反，它们会愈演愈烈。你有没有这样的经历——明知第二天有一场重要的会议，需要好好休息，但在晚上却怎么都睡不着？这是怎么回事？与失眠做斗争能否立刻让你平和安眠？大概不行。当我们与自己难过的感受做斗争时，我们只是在火上浇油。《反抗无效》（*Resistance is Futile*），正如该影片里的外星人给我们的"明智"警告一样）。

拉斐拉总是不断地与焦虑做斗争，而她也为此讨厌自己。只要她感到焦虑，就会试图强行压制这种感觉，她会对自己说："别像个小孩子一样。成熟一点！"但是，过了一会儿，不论她多么努力地试图摆脱这种感觉，她的身体仍会被焦虑压垮，而她也会开始产生严重的惊恐发作。

冥想教师杨真善（Shinzen Young）针对这种现象提出了一个公式：

$$苦难 = 痛苦 \times 对抗 ^{56}$$

换句话说，生活中的痛苦——丧失、担忧、心碎、艰苦，都是不可避免的，如果我们对抗，往往只会让痛苦变得更加强烈。[57] 正是这些附加的痛苦最终组成了我们的苦难。我们之所以受苦，不仅是因为当下的痛苦，还因为我们用自己的脑袋猛撞现实的墙壁——我们满心沮丧，因为我们认为事情不应该是这样的。

还有一种常见的对抗形式，那就是**否认**。我们希望，如果我们不去想一个问题，那么这个问题就会消失。然而，研究发现，当我们试图压抑那些不想要的想法或感受时，它们反而会变得更强烈。[58] 除此之外，当我们回避或压抑痛苦的想法与情绪时，我们就看不清这些想法和情绪，也不能用关怀来做出回应。

> 我们能治愈那些我们感觉到的东西。

静观和自我关怀都是资源，能为我们提供需要的安全感，帮助我们卸下些许对抗，直面艰难的体验。请想象一下，如果你被情绪压垮了，而一位朋友走进你的房间，拥抱你、坐在你身边、倾听你诉说自己的痛苦，然后帮助你制订行动计划，此时你会有什么感觉？幸运的是，这个能够静观和关怀你的朋友，完全可以是你自己。你可以从敞开心扉、接纳事实、放下对抗做起。

由于静观是自我关怀的一个核心部分，所以我们应该问这样一个问题："静观与自我关怀之间有什么关系？它们是一样的，还是不同的？"

我们认为，尽管两者是紧密交织在一起的，但它们也有一些区别：

- 静观主要在于对**体验**的接纳。自我关怀更关注对**体验**者的关爱。
- 静观会问："我现在有哪些**体验**？"自我关怀会问："我现在有哪些**需要**？"
- 静观会说："用宽广的觉知来**感受**自己的痛苦。"自我关怀会说："当你在忍受苦难时，要**善待自己**。"

尽管静观与自我关怀有所不同，但两者都会让我们在面对自我和生活时**减少对抗**。静观自我关怀训练的核心悖论可以总结如下：

当我们挣扎时，我们关怀自己，并非为了感觉更好，而是因为我们感觉很糟糕。

也就是说，我们不能把自我关怀当作消除痛苦的方法。如果我们这样做，其实是在进行一种隐性的对抗,最终只会让事情变得更糟。但是,如果我们完全接纳事情的确很令人痛苦,并且因为痛苦而善待自己,我们就能更容易地与这种痛苦相处。我们需要保持静观,才能确保自我关怀不会变成对抗的工具,而我们也需要自我关怀,才能感到足够的安全和有保障,这样才能对艰难的体验保持开放的态度。这两种要素相辅相成,共同表演了一支绝美的双人舞。

在练习用关怀的语气对自己说话的几个月后,拉斐拉学会了用静观与关怀来抱持自己以及自己的焦虑,而不是与这种体验对抗。当拉斐拉变得焦虑,甚至有些惊慌的时候,她那充满关怀的部分自我就会讲话,而她内心的对话是这样的:"我知道你现在真的很害怕,我真希望事情不会这么艰难,但它们的确很难。我知道你的喉咙发紧、脑袋发昏。即便如此,我依然关心你,我依然会在这儿陪你。你不是一个人,我们会一起渡过难关。"有了这种关爱自己的内部声音,拉斐拉的惊恐发作减弱了,而她也发觉自己比想象中的更能应对焦虑了。

 练习 冰块

这个练习是实时体验对抗的好机会,也是了解我们把静观与关怀加入对抗中会发生什么的好机会。请阅读下面的指导语,并判断当下是否是尝试这项练习的好时机。

- 这项练习应该在室外做,或者在有防水地板的地方做。(我们不建议患有雷诺病的人做这项练习。)
- 从冰箱里取出一两块冰块,将冰块握在手中,坚持得尽可能久一些,一直把冰块握在手中。
- 几分钟后,注意自己的脑海中出现了哪些想法(比如"这样对我身体不好""我受不了了""编出这个练习的人太残忍了")。那就是**对抗**。

- 现在，请密切关注自己每时每刻的体验。例如，感受冷的**感觉**，将冷仅当作冷。如果疼痛的感觉正顺着胳膊一阵阵地传来，将这种悸动仅当作悸动。请关注自己的**情绪**，例如恐惧，将恐惧仅当作恐惧。留意此时可能产生的行为冲动，例如丢下冰块，张开手掌，以缓解这种冰冷的感觉。觉察自己的冲动，将冲动仅当作冲动。这就是**静观**。
- 现在，在这些混杂的感受里加入一点**善意**。比如说，在脑海中告诉自己"这个练习有点疼，但对身体无害"，并从这样的想法中得到安慰。你可以长长地呼出一口气，放松一下，啊……如果你注意到手上有任何不适，也可以发出一些柔和的声音，哎哟……感谢手掌提醒你留意痛楚。然后，向自己点头示意，为自己坚持练习并学到新东西而表示尊重或敬意。这很需要勇气。
- 最后，你终于可以放下冰块了！

沉淀与思考

在做这项练习的时候，你注意到了什么？你产生了哪些感受和想法？静观和善待自我是否让你的体验产生了一些变化？

对于许多人来说，这项练习让他们深刻地体验到了对抗怎样放大疼痛；同样也展示了，当我们在痛苦中静观、接纳这种痛苦并善待自己时，我们的痛苦就会减少。但是，如果你无法放下对寒冷冰块的天然对抗，也请不要责备自己。你的对抗源于你对于安全的自然渴望。但与此同时，你体内也具备关爱、支持和安慰自己，获得安全感的能力。你可能只需要在努力锻炼自己的本能反应时再耐心一些。

练习　我如何让自己承受了不必要的苦难

- 请想象一个自己当前生活中的情境,这个情境让你意识到对抗某些痛苦的事情正在给你带来不必要的苦难,并且可能正在让事情变得更糟(例如,拖延某项重要的任务,抱怨自己目前的工作,对邻居吵闹的狗心怀愤恨),然后把这件事写下来。

- **你怎么才能知道自己正在对抗?** 你的身体和内心是否有任何不适?你能描述出这种不适吗?

- **对抗的后果是什么?** 比如,如果你不再对抗或者少一些对抗,生活怎样才会变得容易一些?

- **你能否发现对抗可能在以某种方式为你服务？** 可能对抗正在帮你压抑某种无法承受的情绪。如果产生了难以面对的情绪，请善待自己。请尊重自己的对抗，要知道，对抗有时能够使你在生活中维持良好的功能。

  _____

  _____

  _____

- **现在请想一想，在这种情境里，静观和自我关怀怎样帮你减少对抗。** 承认自己的痛苦（"这的确很难"），让痛苦进入自己的生活（"接纳恐惧"），会让事情变得更艰难还是更轻松？给自己一些理解（"这不是你的错"），或者记起共通的人性（"大家在这种情况下都会有这样的感受"），能否给你带来些许安慰？

  _____

  _____

  _____

沉淀与思考

有些人在做完这项练习之后会觉得有些脆弱。放下对抗意味着对痛苦敞开大门，这的确很难。这可能需要我们承认，我们对自己生活中的事件的控制力往往不如我们想要的那么强。在这种时候，我们就需要给自己许多善意和关怀。如果你在做完这项练习后有任何沮丧，可以试着把手放在心上，或放在其他能够安抚你的位置上，对自己说一些表示支持的话语。如果有位朋友与你当下的感受相同，你会对他说什么？你能试着对自己也说一些类似的话吗？

 非正式练习　留意对抗

因为对痛苦的对抗是那么自然的本能反应（甚至培养皿里的阿米巴原虫都会远离有毒物质），所以大多数对抗都不会被我们注意到。因此，在我们对抗时能留意对抗，并且为它"贴上标签"，是一项很有用的练习。

在接下来的一周，看看你能否注意到自己对于不愉快事物的任何小小的对抗（你不想去周二晚上的有氧健身课；办公室的电梯还没修好，而你依然得爬楼梯；青春期的儿子把脏盘子放在厨房的柜台上等你清洗，等等）。当你注意到对抗出现时，只用一种中立的、陈述事实的语气（"对抗""我现在正在对抗"）为它"贴上标签"即可。

我们越能发现自己的对抗，就越不会让自己的生活出现不必要的紧张和压力，在艰难的情境下我们就越能够采取明智的行动。

The Mindful
Self-Compassion
Workbook

第 8 章

回　　燃

　　回燃指的是当我们在善待、关怀自己时可能出现的伤痛——很久以前的伤痛。回燃的体验可能会让有些人感到困惑，但它是我们转变过程的关键部分——成长的痛苦。

　　回燃是一个消防术语，是指当火焰将氧气燃烧殆尽之后，新鲜的氧气从打开的门窗进入现场时所发生的现象——空气涌入火场，火焰剧烈燃烧。当我们用自我关怀打开心扉时，可能会发生类似的现象。我们大多数人的心中都积攒着一生的伤痛。为了正常生活，为了保护自己，我们都需要把这些压力重重、令人痛苦的经历排除在意识之外。也就是说，当我们敞开心扉时，自我关怀的新鲜空气会涌入心中，而旧日的伤痛和恐惧可能会再度浮现，这就是回燃。

　　前两节自我关怀课程让查德备受鼓舞，但他之后就开始怀疑自己是不是没做对。每当他把手放在心脏上方，试着用温和的语气对自己讲话时，他都会觉得有些反胃、焦虑，喘不上气来。

"我怎么了?"查德心想,"这样做不是应该让我感觉好些吗?"

重要的是,我们要意识到,回燃的不适感**并非**由自我关怀练习产生的。当回燃发生的时候,我们没有做错什么。其实,回燃是我们**做对了**的标志,这说明我们已经开始敞开心扉了。但是,在一开始,当旧日的创伤被释放的时候,我们会感觉到痛苦。[59]这是一个自然的过程,无须担心。

回燃是疗愈开始的标志。

我们如何发现回燃

回燃有多种表现形式,可以表现为任何情绪、心理或身体上的不适感。例如:

- 情绪——羞耻、哀伤、恐惧、悲伤。
- 心理——类似"我孤身一人""我是个失败者""我毫无价值"这样的想法。
- 身体——身体记忆、隐隐作痛、剧痛。

这种不适感往往不知从何而来,我们可能不理解其出现的原因。在冥想的时候,我们可能会流泪、生气或感到害怕和脆弱。在我们力图消除回燃的感受时,可能会引发一系列的反应。比如,我们可能过度运用自己的头脑(理智化),变得焦躁易怒、退缩、麻木,批评自己或他人。我们能够(也应该)用善意和关怀来应对所有这些反应。重要的是,我们不要让自己被回燃的感受淹没,而是要缓缓敞开自己的心扉。

每当回燃出现的时候,你都需要自我关怀,允许自己按照自己的节奏前进。

我们该怎样应对回燃

首先,你可以问自己:"我现在需要什么?"尤其是要问自己:"我需要什么才能感到**安全**?"

问自己:"现在我需要什么才能感到安全?"

然后,根据自己的感觉,你可以考虑以下策略:

用静观练习来调整注意力

- 为这种体验贴上"回燃"的标签——"哦,这就是'回燃'",使用你对挚友讲话时的语气。
- 说出你现在最强烈的情绪,用关怀的态度承认这种情绪("啊,这是**哀伤**")。
- 探索这种情绪存在于身体的哪个部分,也许是胃里的紧张感,或者是心里的空虚感,用安抚、支持性的方式抚摸身体的这个部分。
- 将注意力转到体内某个中性的焦点上(如呼吸),或者转移到外界某个感官客体上(如环境里的声音、你的"此时此地"石——见第6章)。你将注意力转移得离身体越远,你的感觉就会越轻松。
- 脚底静观:感受脚底的感觉(见下文中的练习)。

在日常活动中寻找安慰

- 你可能会觉得自己需要将觉知锚定在一些日常活动中,例如洗碗、散步、洗澡或运动。如果你觉得那项活动能让你感觉舒适,或者能让你的感官愉悦(嗅觉、味觉、触觉、听觉、视觉),就请允许自己细细享受吧。(见第6章的"日常生活中的静观"。)
- 也许,你觉得需要用实际的、行为上的方式来安慰、安抚或支持自己,比如喝一杯茶、洗个热水澡、听音乐或摸一摸宠物狗。(见下文的"日常生活中的自我关怀"。)
- 如果你需要进一步的帮助,可以利用自己的个人支持系统(朋友、家人、治疗师、老师),寻求自己需要的东西。

在查德了解回燃之后,他就不会在回燃发生时再感到那么沮丧了。感到焦虑时,他会告诉自己:"哦,这就是回燃,这很正常。"他甚至知道自己的回燃从何而来。在小时候,查德的母亲酗酒,尽管母亲在通常情况下对他既慈爱又关怀,但她偶尔会毫无缘由地发脾气,严厉地斥责查德。在查德还是孩子的时候,他就明白自己不能完全指望母亲给予自己爱与支持——这在一定程度上取决于她喝了多少酒。查德发现,当他给自己爱与支持的时候,往日的不安全感就会出现。有时,只要给这种不安全感"贴上标签",就足以让他免于焦虑和呼吸困难。有时回燃较为严重,查德知道此时善待自己的最佳方式就是后退一步。"让自己试着只去感受脚底的感觉。那样能让我觉得脚踏实地。"查德偶尔会被更加强烈的情绪淹没——恐惧与厌恶,而他知道此时可以暂时停止练习,去做一些日常而愉悦的事情,比如在沙滩上骑自行车。后来,当查德感觉好些时,他就可以继续做主动自我关怀练习了,比如用好奇、探索的方式,把手放在自己的心脏上方,而不对自己的感受怀有任何特定的预期。

 非正式练习　脚底静观

这项练习的目的,是让在你感到强烈的情绪或回燃时帮助你平静下来,感到脚踏实地。研究表明这项练习有助于调节强烈的情绪，例如愤怒。[60]

- 站起身来，感受脚底踩在地板上的感觉，穿鞋或光脚都行。
- 开始注意自己的各种感觉——脚底踩在地板上的触觉。
- 为了更好地感受脚底的感觉，可以试着轻轻地前后晃动，然后左右晃动。试着用膝盖画几个小圈，感受脚底感觉的变化。
- 当你开始走神时，让自己的注意力再次回到脚底的感觉上来。
- 现在，开始慢慢地走动，注意脚下感觉的变化。留意抬起脚、向前迈步，然后把脚放在地板上的感觉。然后换一只脚，再试一次。最后两只脚交替尝试。
- 在行走的时候，请怀着欣赏之心，体会每只脚触地的面积有多小，以及脚是如何支撑你整个身体的。如果你愿意，请让自己花一些时间来感谢双脚辛勤的劳动，我们往往把这种付出视作理所当然。
- 继续慢慢地走动，感受脚底的感觉。
- 现在，回到站立的姿势，将自己的觉知延伸至全身。不论自己现在有什么感觉，都让自己去尽情感受，允许自己保持当下真实的模样。

沉淀与思考

在做这项练习的时候，你注意到了什么？你有哪些感受和想法？

当你被情绪淹没的时候，这项练习之所以十分有效是有原因的。首先，你的注意力放在了脚底——尽可能地远离了你的头脑（与情绪有关的故事情节都在那里）。此外，感受脚下与地面的接触，能让你感到切实的支持和脚踏实地。如果可能的话，你也可以脱掉鞋子，在草地上做这项练习，这样你与大地的联结感会变得更真切。当你难以面对的情绪出现时，不论你身在何处（在机场排队等待安检，走在公司的大厅里，等等），都可以做"脚底静观"这项练习。

非正式练习　日常生活中的自我关怀

- 你已经知道如何自我关怀了，记住这一点很重要。如果你不会照顾自己，那你也不会活到现在。在困境中的自我**照顾**就是自我**关怀**——对苦难的善意回应。所以，任何人都能学习自我关怀。
- 自我关怀绝不仅仅是训练我们的心智。**行为上**的自我关怀是一种安全有效的练习自我关怀的方式。这种方法能让自我关怀练习根植于日常生活中。
- 如果你发现，自己在用直接的方式（如放松触摸）练习自我关怀时经常遇到回燃现象，那么你会发现用日常活动来练习自我关怀会让你感到更安全。
- 在下文的清单中填写你已有的自我照顾的方式，想想还能不能增加新的方法。
- 在困境中，试着做一做这些事情，以此来善待自己。

身体——放松身体

你会怎样照顾自己的身体（如锻炼、按摩、热水澡、喝茶）？

_____

_____

_____

你能想到释放体内累积的紧张与压力的新方法吗?

心理——减少烦躁

你会怎样照顾自己的心灵?尤其是在承受压力的情况下,你会怎么做(如冥想、看一部有趣的电影、读一本鼓舞人心的书)?

要让自己的想法来去更加自如,你还能尝试哪些新方法?

情绪——安抚、安慰自己

你会怎样照顾自己的情绪(摸摸狗、写日记、做饭)?

有没有你想尝试的新方法？

_____

_____

_____

关系——与人联结

你会用哪种方法、在何时与他人交往，并从他们那里获得真正的快乐（例如，与朋友见面、送生日贺卡、玩游戏）？

_____

_____

_____

你还想用哪些方法来加深这些联结？

_____

_____

_____

精神——坚持你的价值观

你会怎样照顾自己的精神世界（祈祷、林中漫步、帮助他人）？

_____

_____

_____

你还能想起其他呵护自己精神世界的事情吗?

The Mindful
Self-Compassion
Workbook

第 9 章

培养慈爱之心

除了学习如何更加深入地践行自我关怀以外，培养对自己有更广泛的慈爱之心也很重要。慈爱是对巴利文"metta"的翻译[61]，这个词也可以翻译为"友爱"。

关怀与慈爱之间有什么不同？我们可以把关怀定义为"对他人痛苦和苦难的敏感，以及缓解那种苦难的深层渴望"。[62] 自我关怀则仅仅是针对自己的关怀——**内在的**关怀。慈爱包含对于自己和他人的广泛的友善之情，这种感情不一定与苦难有关。培养一种一般性的、对于自己的友善态度是很重要的，即便当下一切顺利也依然如此。一位缅甸的冥想教师这样形容慈爱与关怀："当慈爱的光芒遇见痛苦的泪水，就会泛起关怀的彩虹。"

当慈爱与痛苦相结合，且不改其爱心时，它就会变成关怀。慈爱与关怀都是善意的表达。

慈爱（metta）可以通过一种叫作**慈爱冥想**（loving-kindness meditation）

的练习来培养。在这项练习中,练习者要想起一个特定的人,让这个人的形象在脑海中浮现,并且默默地重复一系列话语,唤起对她的善意。比如,常用的话语包括"愿你幸福""愿你平静""愿你健康""愿你生活如意"。我们可以把这些话语当作友善的祝愿或良好的心愿。

一般而言,冥想的人会先对自己说那些话语,把那些祝愿指向一位导师或帮助过自己的人,再祝福某个与自己萍水相逢的人,然后祝福某个与自己相处不愉快的人,最后他要将慈爱的范围继续扩大,将众生都包含在内。慈爱冥想培养出来的那些良好心愿,能够让我们内心的自我对话更具支持性,也能改善我们的心境。研究发现,慈爱冥想具有"剂量依赖性"[63]——你做得越多,效果就越明显。慈爱冥想的一项最主要的好处就是减少焦虑、抑郁这样的消极情绪[64],增加幸福与喜悦这样的积极情绪[35]。

有些人在做慈爱冥想时会遇到困难,因为他们觉得重复祝福语的过程有些愚蠢或尴尬,或者他们觉得那些话语听起来很机械化、不真诚,于是就停止了练习。如果你有这种感受,不用担心。有一个犹太教的传统故事能够说明这种练习起作用的方式:

一位信徒问拉比:"为什么《妥拉》(*Torah*)的经文告诉我们,'把这些话语放在你的心上'?为什么不让我们把这些圣训放在心里呢?"

拉比答道:"因为我们只能如此,我们的心是封闭的,我们没法把圣训放在心里。所以我们把这些话放在心的上方。这些话会一直待在那里,直到有一天,我们的心碎了,这些话就会落入我们的心中。"[66]

 冥想 给所爱的人慈爱

在传统里,慈爱冥想应从善待自己开始。"爱邻人如爱自己。"

现在，我们把顺序调换一下，从某个我们发自内心爱着的人开始，然后再悄悄地加上自己。很多人都把这种慈爱冥想的变式作为自己主要的冥想练习方法。（这次冥想的指导语录音详见附录 B"音频文件清单"。）

- 给自己找一个舒适的姿势，坐着或躺下都可以。如果你愿意，可以把手放在心上，或其他能够安抚你的位置，这样能提醒自己：不但要唤起对于自我和自我体验的觉知，还要唤起充满爱意的觉知。

让你露出微笑的生命

- 在脑海中想起一个让你不禁露出微笑的人或者其他生命——你们之间的关系轻松愉快，不复杂。你想到的可能是孩子、祖母或者猫狗——不论是谁，只要能为你的内心带来快乐就好。
- 在你的脑海中想象这个生命栩栩如生的形象。让自己感受这个生命的陪伴为你带来了哪些感觉。允许自己享受这美好的陪伴。

愿你……

- 现在，想一想这个生命想要得到怎样的快乐，想要如何远离苦难，就像你和其他生命一样。请默默地重复下面的话语，感受其中的力量：
  - 愿你幸福。
  - 愿你平静。
  - 愿你健康。
  - 愿你生活如意。

  （缓慢而柔和地重复数次。）
- 如果你有其他常用的话语，也可以用自己的话。或者，你也可以继续重复上面的话语。
- 如果你发现自己走神了,就让注意力回到这些话语和脑中所爱的人或动物身上。享受可能出现的温暖感受。慢慢来。

愿你和我(我们)……

- 现在,把自己加上,让自己也成为美好祝愿的对象。在所爱的人或动物的身边想象出自己的形象,想象你们在一起的画面。
    - 愿你我(我们)幸福。
    - 愿你我(我们)平静。
    - 愿你我(我们)健康。
    - 愿你我(我们)生活如意。

    (重复数次。如果你愿意,可以用"我们"代替"你我"。)
- 现在,向你所爱的人或动物表示感谢,接下来,慢慢放开 ta 的形象然后把全部的注意力都集中在自己身上。

愿我……

- 请把手放在你的心上,或者其他任何让你感到舒服的位置,感受手上的温暖与轻柔的压力。在脑海中想象自己全身的形象,注意体内可能留存的任何压力或不适,然后对自己说出那些祝福的话语。
    - 愿我幸福。
    - 愿我平静。
    - 愿我健康。
    - 愿我生活如意。

    (用温暖的语气重复数次。)
- 最后,做 n 次呼吸,感受体内的感觉,让自己全然回到自己的身体,不论你有怎样的感受,都要接纳它,如其所是,原原本本。

> **沉淀与思考**
>
> 在做这次冥想的时候,你注意到了什么?你有哪些感受和想法?是不是对所爱之人心怀慈爱,比对自己心怀慈爱更容易?把慈爱之情指向你们两个人的时候,你有哪些感想?冥想里有没有让你觉得有挑战性的部分?你能用关怀之心抱持那个部分吗?
>
> 对于许多人来说,对所爱之人心怀慈爱比对自己心怀慈爱更容易,这是很常见的现象。在这个冥想中,我们先从容易的人或动物入手,启动慈爱的能量,然后再"把自己放进去",让慈爱继续流向那个更难对付的人——我们自己。
>
> 但是,许多人依然会在慈爱冥想中遇到困难。他们觉得那些祝福语听起来不真实,或者像"愿我"这样的话听起来很奇怪、很尴尬。在下一章中,我们会帮助你找到自己的慈爱话语,让你觉得更有意义,更真诚。

 非正式练习　慈爱行走

我们可以通过祝福自己或遇见的任何人,在日常生活中练习慈爱的态度。**注意:** 这项练习运用行走使我们的觉知根植于当下,而使用轮椅或其他代步工具的人可以用身体任意部位的触感来替代行走的感觉。

- 每当你出门在路上行走时,或者在购物中心这样繁忙的地方时,都可以尝试这项练习。
- 首先,在行走时关注自己的脚,留意脚和腿上的感觉(不必放慢行走的速度)。

- 在行走的时候，默默地重复这句话："愿**我**幸福，远离苦难。"
- 然后，当你注意到另一个人，或者与他人擦肩而过时，默默地表达对他们的祝福，例如"愿**你**幸福，远离苦难"，看看自己能否真切地感到对那个人的一些温暖或善意。
- 如果你感到安全，或者觉得合适的话，可以对你遇见的人微微点头或露出微笑，默默地重复："愿**你**幸福，远离苦难。"
- 每当你感到分心或不舒服的时候，就让注意力重新回到腿和脚的感觉上，然后对自己说："愿**我**幸福，远离苦难。"当你觉得合适的时候，再把注意力转向他人。
- 最后，看看你能否拓展自己友善的祝愿，将视野里的所有人都包含在内，包括所有的生命，也不要忘记自己！默默地重复："愿**众生**都能幸福，远离苦难。"

> **沉淀与思考**
>
> 在做这项练习的时候，你注意到了什么？你对他人的感知是否发生了变化？他们对你的反应是否发生了变化？
>
> 这项练习能够产生与众生的联结之感，是一种很有力量的方法。这项练习可以在商店或饭店里做，也可以在坐车或坐地铁上班的路上做——只要有他人存在的地方都行。
>
> 如果"愿我/你幸福，远离苦难"这句话不能让你唤起真诚的善意和关怀，那么就等你读完下一章，找到自己真正的祝福语时再做这项练习。

The Mindful
Self-Compassion
Workbook

第 10 章

给自己慈爱

为了享受慈爱冥想的好处，我们需要根据自己的情况对练习做出调整。因此，本章的目标就是帮助你找到真正对你适用的慈爱祝福语，就像找到打开你心门的专属钥匙。

多年以来，宇志一直勤勉地练习冥想，并且在一直做慈爱练习——自从她在一次静修中从一位最喜欢的老师那里学会慈爱练习之后，就一直坚持练习。但是，她有一个讳莫如深的小秘密。每当她默念慈爱的祝福时，她什么都感觉不到，就像一个机器人在干巴巴地重复一些毫无感情的话语。她怀疑也许是自己的性格有问题，无法感受慈爱。

当我们根据自己的情况对练习做出调整后，
才能享受慈爱冥想的好处。

在冥想里，许多传统的慈爱祝福语都是从几个世纪前传下来的，所

以如果你觉得很难与这些话语产生联结，这并不奇怪。因此，找到能让你产生共鸣的慈爱祝福语是很重要的。当我们想要给自己慈爱时，更是如此——这些话语必须是发自肺腑的，这样才能对你产生影响。

寻找祝福语就像写诗，就像寻找语言来表达某些无法被语言表达的含义。我们目标是寻找合适的语言，来唤起慈爱与关怀的能量或态度。

正如呼吸可以作为冥想的锚点，慈爱祝福语也可以锚定我们的觉知。冥想里的平静来自我们的专注，如果能选择 2～4 个你愿意反复默念的祝福语，就能增进冥想的专注。而且，你也能在日常生活中使用慈爱祝福语，就像"慈爱行走"（第 9 章）里描述的那样。你也可以在日常生活中灵活使用这些祝福语，根据当下的感受做出调整。

下面有八条参考建议，用于帮你找到对你来说意义重大的祝福语：

- 这些祝福语要**简洁、明了、真诚、友善**。当我们在心中对自己说出慈爱的祝福时，脑中不应该有争论，只应该有感激："哦，谢谢！谢谢！"
- 如果你觉得"愿我"这样的话很尴尬，或者太像乞求，也可以不用这种说法。慈爱祝福语都是**愿望**。"愿我"仅仅是一种邀请，邀请你的心灵**向积极的方向倾斜**。它的意思是："事情可以是这样的……"或者"如果条件允许，那么……"慈爱祝福语就像祈福。
- 祝福语**不是积极的肯定**（例如，"我每天都在变得更健康"）。我们只是在表达良好的意愿，而不是自欺欺人。
- 使用祝福语的目的是唤起**善意，而不是良好的感受**。我们在做慈爱冥想时经常遇到困难的原因是，我们对于自己应该有什么感受怀有预期。慈爱练习不会直接改变我们的情绪。不过，良好的**感受**是**善意**必然的副产品。
- **祝福语应该具有概括性**。比如，祝福语应该是"愿我健康"，而非

"愿我远离糖尿病"。

- 在说祝福语的时候，**要慢**：不要着急——在最短的时间里说出最多的祝福语，并不能让你赢得比赛！
- 在说祝福语的时候，应该带着温暖的语气，就像对着某个你爱的人的耳朵说悄悄话。最重要的是祝福语背后的**态度**。
- 最后一点是，你可以称自己为"我""你"，或者用你的名字。你也可以用爱称，如"宝贝"或"亲爱的"。这样称呼自己能支撑善意与关怀的态度。

慈爱祝福语应该关注这个问题："我需要什么？"

我需要什么

有一种方法能找到真诚而有意义的祝福语，那就是专注于自我关怀训练的核心问题："我需要什么？"

需要是什么？需要和欲望之间有什么不同？**欲望**是因人而异的，来自脖子以上的部分——头脑。欲望是无限的，例如想喝某个特定品牌的咖啡，或者想要一辆豪华轿车。**需要**则更为普遍，来自脖子以下的部分（这是一种比喻）。举例来说，人类的需要包括被接纳、被认可、被看见、被听到、被保护、被爱、被了解、被珍视、与人联结、受人尊重。还有一些需要，它们同样普遍，但与人际关系的联系较少，例如健康、成长、自由、幽默、正直或安全。发现我们真正的需要，是为我们自己找到真诚而有意义的慈爱祝福语的基础。

当宇志终于找到自己的慈爱祝福语，表达出内心最深处的需要时，她觉得一切都不同了。她选择的三句祝福语是："愿我勇敢。愿人们发现我真实的一面。愿我的生活充满爱意。"她不再机械化地重复这些语句了,每句祝福语都带有个人的意义,与她产生了共鸣。现在,每次宇志在练习慈爱冥想时,她都觉得在赠予自己一份珍贵的礼物,而她也敞开心扉、心怀感激地接受了这份礼物。

 练习　寻找自己的慈爱话语

　　这项练习的目的是帮你发现对你有意义的慈爱和关怀的祝福语。如果你已经有了自己的祝福语,而且愿意继续用它们,可以尝试一下这项练习,不必改变你原有的祝福语。(这项练习的指导语录音详见附录 B"音频文件清单"。)

我需要什么

- 首先,请把手放在心上,或者其他任何让你感到舒服的位置,感受身体的呼吸。
- 现在,花一些时间,允许自己的心慢慢地打开,变得更加开放,愿意接纳外物,就像花朵在暖阳下绽放一样。
- 然后,问自己下面的问题,允许答案在心中自然地浮现:
  - "我需要什么?""我**真正**需要的是什么?"
  - 如果在某一天,这种需要没能得到满足,那这一天就会变得不完整。
  - 让答案成为一种全人类共同的需求,例如与人联结、被爱、平和、自由的需要。

- 当你准备好时，就把心中的答案写下来。
- 你发现的话语可以直接用于冥想，就像祷言一样，或者你可以把它们改写成对自己的祝愿，例如：
  - **愿我善待自己。**
  - **愿我开始善待自己。**
  - **愿我知道自己有归属。**
  - **愿我生活平静。**
  - **愿我被爱包围。**

我需要听到什么

- 现在，思考第二个问题：
  - **我需要听到他人说什么？** 我渴望听到哪些话？作为一个人，我真的需要听到这样的话敞开心扉，等待这些话语浮现出来。
  - 如果可以，我希望余生的每一天**都在自己耳边轻声说出哪些话**——每当听到这些话的时候，我都会说"哦，谢谢，谢谢你"？允许自己变得脆弱一些，勇敢一些，尽可能地保持开放的态度，倾听。
- 现在，等你准备好了，就把自己听到的话写下来。

- 如果你听到了**很多**话，看看你能否把它们总结成一句话——一

条传达给自己的信息。

- 你写下的话语可以直接用于慈爱冥想，或者你可以把它们改写成**对自己的祝愿**。我们希望从他人那里反复听到的话，**其实是我们想在自己的生活中获得的品质**。例如，渴望听到"我爱你"，可能意味着我们希望知道自己真的很可爱。这就是为什么我们希望一遍又一遍地听到这些话。

你想确切地知道什么

- 如果你愿意，你可以把自己的话语改写成对自己的祝愿。例如：
  - "我爱你"可以变成"愿我爱真实的自己"。
  - "我会在这儿陪你"可以变成"愿我陪伴自己"或"愿我知道自己的归属"。
  - "你是个好人"可以变成"愿我知晓自己的善良"。

- 现在，花一点时间来回顾自己写下的话，选择2～4句话或祝福语用于冥想，然后再把它们写下来。这些话或祝福语将会是你无数次赠予自己的礼物。

- 花一些时间**记住**这些话或祝福语。
- 最后，试试它们的效果如何。慢慢地反复默念这些祝福语，要又慢又轻，轻轻地对自己**耳语**，就像在和你爱的人说悄悄话一样。也许**听见**这些话语来自身体内部，能让它们与你产生共鸣。允许这些话语逐渐**占据你的空间，填满你的身心**。
- 然后，轻轻地**释放**这些祝福语，允许自己在这种体验中休憩，让这个练习呈现自然的状态，让自己呈现自然的状态。
- 请把这个练习当作寻找适合自己的祝福语的开端。寻找慈爱的祝福语是一趟深情的、充满诗意的旅程。希望你能在练习慈爱冥想的时候，再次回到这趟旅途中（"我需要什么？我渴望听到什么？"）。

沉淀与思考

在做这项练习的时候，你注意到了什么？你是否对自己的需要感到意外？对于在心中出现的祝福语，你有什么感受？

我们怎样才能知道自己找到了合适的祝福语？感恩！有了感恩，那就不再有更多的渴求了，我们就完整了。悬着的心终于能够放松了。可能需要一些时间才能找到那样的祝福语，但这样很值得。

冥想　给自己慈爱

在这次冥想中，你会用到在"寻找自己的慈爱话语"的练习中发现的话语。回顾你的祝福语，选择你会使用的话语，而不要用冥想的时间来找新的祝福语。（这次冥想的指导语录音详见附录 B"音频文件清单"。）

慈爱冥想包含了许多元素，很多练习冥想的人往往都会为了把这些做对而太过用力。为了消除这种倾向，你可以看看自己能否在冥想中放弃找到某种特定感受的预期。只要允许你说出的话语发挥作用即可，就像进入温暖的洗澡水里一样，让水来发挥它的魔力。

- 找一个舒服的姿势，坐着或躺下都可以。闭上双眼，既可以完全闭上，也可以半睁半闭。做几次深呼吸，让自己沉入身体，专注于当下的时刻。

- 将你的手放在心上，或者任何让你觉得舒适和安抚的位置，以此能提醒自己不仅要带着觉知，还要**充满爱意**，觉知当下的体验和当下的自己。

- 然后，感受呼吸带来的身体起伏，感受最容易被你觉察的身体部位，感受呼吸温和的节奏。当你开始走神时，再次让注意力回到呼吸的温和起伏上。

- 现在，慢慢放下你对呼吸的关注，让呼吸缓缓地融入意识的深处，对自己说那些最有意义的祝福语。

- 不断重复那些话语，让它们围绕在你身边——让自己被话语的爱与关怀包围。

- 如果你感觉合适，就将这些话语吸收进自己的体内，让它们填满你的身心。允许这些话语与你体内的每一个细胞产生共鸣。

- 现在，你不需要做任何事，不需要去任何地方。仅仅让自己沉浸在这些善意的话语中，吸收它们的养分——这些话是你需要听的。
- 每当你发现自己走神的时候，可以给自己抚慰的触摸，或者感受体内的感觉，让自己恢复专注。然后，再次沉入你的身体，对自己说出祝福的话语，回到善意的怀抱中。
- 最后，缓缓地放下那些祝福语，让自己在身体里静静地休憩。

沉淀与思考

在做这次冥想的时候，你注意到了什么？当你使用这些个性化的祝福语时，是否觉得与这项练习产生了更多的联结？你现在有什么感受？

许多人发现，一旦他们找到了合适的话语，就能更容易地感受到其中的意义。然而，如果这项练习依然让你觉得尴尬，你可以试着减少在练习中说的话。只用几个简单的词，例如"爱""支持""接纳"等，也许这样能让你觉得更自然。请继续斟酌、品味，直到你找到适合自己的方式。

这是静观自我关怀课程的第二个核心冥想，所以请每天尝试20分钟左右的练习，坚持数日，看看你能否掌握其中的要领。正如前文所述，我们建议你将正式（冥想）与非正式的练习（日常生活）结合在一起，每天练习30分钟左右。

如果你始终无法与慈爱冥想产生共鸣，那也没关系。书中有许多不同的练习和冥想，能帮助你与自己建立充满关怀的关系。最重要的是明确你的目的，那就是用最适合你的方式，将更多的善意带进自己的生活。

The Mindful
Self-Compassion
Workbook

第 11 章

自我关怀的动力

在通往自我关怀的道路上有许多艰难险阻，其中最大的一个障碍，就是认为"自我关怀会破坏我们的动力"这样的信念。我们担心，一旦我们善待自己，就会缺乏做出改变或达成目标的动力。[67] 这种想法认为："如果我太关怀自己了，那我岂不成天坐在家里上网，吃垃圾食品吗？"一个关心孩子的母亲会让青春期的儿子为所欲为吗（比如成天坐在家里上网，吃垃圾食品）？当然不会。她会让孩子去上学，做作业，按时上床睡觉。为什么你们会觉得**自我关怀**会有所不同呢？

自我关怀**不会**让我们变得懒惰。

如果这位母亲想**鼓励**孩子做出改变，她会怎么做？假设她青春期的儿子放学回家，带回了不及格的数学成绩单。她需要选择如何帮助孩子提高。一种方式是严厉批评："你真让我丢脸！你是个失败者！你什么都做不好！"这样会让你害怕，不是吗？（然而，在我们失败或觉得自己不够好的时候，我们不是也会对自己说一些很糟糕的话吗？）这样有用吗？也许暂时有用。儿子可能会在一段时间内努力学习，以免承受母亲的怒火，但从长期来看，他必定会失去学好数学的信心，害怕失败，而且在很长时间里不敢报名参加高级数学课程。

比尔是硅谷的一名成功的计算机工程师。他在加州大学伯克利分校读书时就名列前茅，而他现在正在考虑创业，这样就能开发既激动人心又富有创意的软件了。长久以来，比尔激励自己走向成功的方法就是严厉的自我批评。比如，当他在大学里取得A-的成绩时，他会毫不留情地训斥自己。"你真是个失败者！如果你在班上不是最顶尖的学生，你就是个失败者。得不到A，你就应该感到羞愧。"成年之后，他依然在用这种方式鞭策自己。而且，他真心地相信，如果不严厉对待自己，自己就会变成懒虫。

最近，每当比尔努力推进自己的创业工作时，他都会产生严重的焦虑。万一自己没能成功怎么办？万一这个新项目向所有人证明自己是个失败者怎么办？万一自己是个骗子，是个冒牌货怎么办？比尔纠结于失败的代价，他的生活变得痛苦不堪，只有在梦见自己放弃创业的时候，他才能感到些许慰藉。

但是，母亲还有另一种激励孩子的方法，这种方法能帮孩子从失败中站起来，取得成功，即给予他关怀。比如，她会说："哦，亲爱的，你肯定很难过。过来，让我抱抱你。你知道不论发生什么我都爱你。"这样能告诉儿子，即使他遭遇了失败，他也能得到接纳。但是，充满关怀的母亲如果关心孩子的幸福，就不会止步于此。她还要让儿子行动起来。她可能会再说一些这样的话："我知道你想去上大学，而且你肯定需要在入学考试拿到好成绩才行。我能帮你做点儿什么？我知道，只要你足够努力，就肯定能做到。我相信你。"

从长期来看，这样的鼓励和支持很可能是更加有效、可持续的。研究显示，自我关怀的人不仅更自信，而且更不害怕失败[68]，并且在失败时更愿意继续尝试[69]，坚持从经验教训中学习[70]。

即便如此，理解我们**为什么批评自己**也很重要。自我批评很痛苦，那我们为什么还要这样做呢？

我们在第4章已经讲过，自我批评的根源在于威胁-防御系统。在某种程度上，我们内在的自我批评其实在试图迫使我们做出改变，这样我们才会是**安全**的。例如，我们为什么要因为身材走形而斥责自己？因为我们害怕身体不再健康，最终无法正常运作。我们为什么因为自己在工作中拖延重要的任务而批评自己？因为这样我们就能避免失败、失去工作、无家可归。在某种程度上，内在的批评在不断地试图抵挡可能伤害我们的危险。当然，内在的批评可能对我们毫无帮助——甚至可能完全适得其反，但它的初衷往往是好的。理解了这一点之后，我们就能着手转化内心批评的声音，让它不再那么严厉而无情。我们可以学着用**新的**声音来激励自己——这个声音来自**充满关爱的自我**。

起初，比尔很难做到自我关怀，因为他害怕对自己手下留情会使自己不再努力，并且放弃自己的目标。然而，事实恰恰相反。比尔内心的批评太过严苛，以至于他害怕可能的失败，甚至无法面对简单的挑战。所以即便要朝着梦想迈出一小步，他都会拖延再三。比尔知道自己内心那个冷酷无情的声音正是问题的一个方面，并且他意识到，如果要取得任何进步，就必须做出一些改变。

彼时，比尔有一个健身教练，他与比尔年龄相仿，不断地给予比尔支持。例如，如果比尔在做俯卧撑时瘫倒在地，教练就会说："很好！练到肌肉力竭正是我们想要的效果。"当比尔想要举重，但杠铃的重量可能会让他受伤时，教练会说："嘿，比尔，我们以后再举那个。我们很快就会练到那儿的。"于是，比尔打算把这种态度用到自己的创业项目上。"放手一试吧！"他对自己说，"我知道你能行的！"每当遇到挫折时，他都想象自己的教练会怎么说："坚持住，哥们儿，我们能行！"渐渐地，比尔找到了自己心中那个充满关爱的声音，也学会了如何支持自己，而不是妨碍自己。最终，他辞掉了公司的工作，找到了开启创业项目所需的风险投资，并开始追求自己真正需要的生活——让他感到快乐的生活。

练习　找到你的关怀之声

这项练习能帮你听见内心批评自己的声音，帮你发现内心的批评在试图怎样帮助你，学习用内心的声音来激励自己——这个声音来自充满关爱的内在自我。

有时，内心的批评似乎不在乎我们的切身利益。如果我们内心的批评来自过去某个虐待过我们的人，而我们将他的声音内化了，那就更是如此了。在做这项练习的时候，请对自己抱有关怀之心。如果你发现自己陷入了某些不舒服的境地，那就不要强求，等你感到自己足够坚强，做好了准备再面对这个挑战。你可能需要再读一下前言里的"练习提示"，然后再做这项练习。

问问自己："我现在需要什么？"

- 在下方的空白处，写下一种你希望改变的**行为**——某件你经常为之苛责自己的事情。选择一件对你没有帮助、给你带来不愉快的事情。但是，在做这项练习时，请选择一个轻微至中等难度的问题。除此以外，你所选择的行为应该是能够改变的。（不要选择无法改变的特点，例如"我的脚太大了"。）可选的例子如"我很缺乏耐心""我运动太少""我总是拖延"。

发现自我批评的声音

- 写下你在做出这种行为时通常对自己说的话。有时内在批评是很严厉的，但有时它更可能表现为某种让你气馁的感受，或表现为其他形式。这个声音会说什么话，更重要的是，它会用哪种**语气**？也许根本没有人说话，只有一幅画面。你的内在批评是怎样表现出来的？

- 现在，花一些时间，注意你在批评自己时有什么**感受**。想一想那个自我批评的声音给你造成了多大的痛苦。如果你愿意，可以试着体谅自己听到那么严厉的话语有多难受，给自己一些关怀，也许你可以试着承认这种痛苦——"这的确很难"或"我真为你难过，我知道听到这样的话会很受伤"。

- 花一些时间来反思一下，**为什么**这种批评持续了这么长的时间。你的内在批评是不是在试图以某种方式保护你，让你免遭危险，帮助你，即使结果适得其反也依然如此？如果是这样，请写下内在批评持续的原因。

- 如果你实在不知道批评的声音在哪方面对你有所帮助（有时自我批评的确毫无价值），那就不要再深究了，只要对自己过去为此遭受的痛苦给予关怀即可。

  然而，如果你的确发现内在的批评在试图帮助你或保障你的安全，看看你能否认可它的努力，你也许可以给这个批评的声音写**一些感谢的话语**。让你内在批评的声音知道，即便它现在没能很好地为你服务，但它的意图是好的，而且它也尽了最大的努力。

发现关怀的声音

- 既然你已经发现了自我批评的声音，看看能否再腾出一些空间，容纳另一种声音——你内在的**关怀之声**。这个声音来自你心中那个非常明智的自我，这部分自我能够意识到那种批评给你带来了怎样的伤害。它也想要你改变，但出于完全不同的理由。

- 请把你的手放在心上或者其他能够安抚你的地方，感受双手的温暖。现在，再次反思给你带来困境的行为。然后，开始重复如下话语，这些话语反映了内在关怀之声的本质：
  - "我爱你，我不想让你受苦。"
  - 如果想听起来更真诚，你也可以说"我深深地关心着你，所以我想帮你做出改变"，或者"我会在这儿陪你，我会支持你"。
- 在你准备好之后，用内在关怀的口吻给自己写一条留言。请自由而随意地写。要与想要改变的行为有关。听到"我爱你，我不想让你受苦"之后，在这句话带来的深层感受和愿望之中，有没有什么画面浮现出来？你需要听到什么话，才能做出改变？如果你写不出来，可以试着想象自己在对一个与你有着相同困扰的挚友讲话，将充满关爱的内心里自然流淌出来的话写下来即可。

沉淀与思考

这项练习让你有何感想？你能找到内在批评的声音吗？你能发现这个批评的声音在试图帮助你吗？感谢内在批评之声所付出的努力，对你来说有意义吗？

说出"我爱你,我不想让你受苦"这句话,对你有什么影响?你能与内在的关怀之声产生联结吗?你能从这个关怀的视角来给自己写留言吗?

如果你发现了一些内在关怀自我的话语,让自己**尽情享受**那种被支持的感觉。如果你**难以**找到善意的话语,那也没关系。这需要花一些时间。重要的是,我们的意图应该是自我关怀,新习惯会慢慢养成的。

对于许多人来说,这是个非常有力量的练习。内在的自我批评其实是在试图帮助我们,意识到了这一点之后,我们就能不再因为评判自己而对自己产生评判了。只要我们看到,内在的自我批评在大喊"危险!危险!",以此来保证我们的安全,而我们承认这些努力,并感谢批评中的善意,这个发出批评的自我通常会放松下来并腾出空间,让另一个声音出现——充满关怀的内在自我的声音。(读者若想了解更多关于这种方法的信息,可以去研究理查德·施瓦茨的内在家庭系统模型。[71])

我们内在的自我批评与自我关爱在寻求相同的行为改变——只不过它们传递的信息有着截然不同的性质或语气,许多人都为此感到非常惊讶。顺便说一件有趣的事,有一位静观自我关怀课程的学员曾经告诉我们:"太神奇了。过去我的内在自我批评总是对我大呼小叫'你这个贱人!',而内在的自我关怀却只是说'哇,慢点儿,别冲动……'"

有些读者在做完这项练习后会产生回燃现象。如果你也如此,可以参考第8章的指导,回顾如何应对回燃,例如给情绪命名,散散步并感受脚底的感觉,或者做一些日常的、愉悦的事情。有时,我们能做的最关怀自己的事情,就是和朋友聊聊天,或者暂时放下自我关怀练习。

非正式练习　给自己写一封关怀的信

每当你陷入困境、感到自己不够好，或想要帮助自己做出改变的时候，可以给自己写一封信，继续聆听自己关怀的声音。要写这封信，有三种主要的方法：

- 想象自己有一个非常明智、有爱心又关心你的朋友，**从这个朋友的角度**给自己写一封信。
- 在写信的时候，**想象自己在和一位挚友讲话**，他此时遇到了和你一样的困扰。
- 以充满关怀的口吻，给陷入困境的自我写一封信。

可能需要一段时间，你才会习惯用好朋友的口吻给自己写信，但只要坚持练习，肯定会越来越驾轻就熟。下面是卡伦给自己写的一封信。她是一个很有前途的平面设计师，而她觉得自己没有花足够的时间与孩子相处。她的两个孩子分别是 8 岁和 13 岁。这封信是她以好朋友的口吻写的，她与这个朋友十分亲密。

亲爱的卡伦，我知道你因为没有花足够的时间与孩子相处而感到很难过。你上周工作很忙，导致你错过了小苏菲的芭蕾舞彩排，而又不得不在两天晚上用微波炉给他们加热晚餐。但是，请不要苛责自己。每当你苛责自己的时候，我都很心疼。你是个好妈妈，你在和孩子相处的时候，都是全心全意的。想要平衡事业与家庭生活很难。你需要让自己松口气。你已经尽了最大的努力，在我看来，你做得很好。你的孩子很爱你，我也很爱你。

我知道你不想加班到那么晚，这样你才能有更多的时间与苏菲和本相处。也许你可以和老板谈谈，跟他讲讲你的担忧。你已经在公司工作七年了，已经证明了自己的价值。你有权利要求自己需要的东西。最坏的情况就是他说"不"而已。即使事情没有什么改变，你也是个慈爱的母亲。不要忘了这一点。

The Mindful
Self-Compassion
Workbook

第 12 章

自我关怀与我们的身体

虽然在克服了诸多困难以后，我们在生活中许多方面的感觉已经足够良好了，但我们的身体可能是特别棘手的一个方面。我们的自我感受与身体紧密相连，所以我们的外貌会显著影响我们对自己的感受。身体意象对于女性来说可能尤为重要，因为女性美貌的标准很高。[72] 越来越多的女性选择整形手术（"稍稍整一下"），好让自己看上去更像杂志里那些完美的模特。尽管女性为此付出了不少努力，但大多数人肯定无法达到理想的标准——甚至那些模特的照片也是经过修饰的。

对于自己的外貌，男性通常比女性对自己更加满意，但他们依然有些难以接纳自己的身体——"我够健美吗，够瘦吗，我够男人吗？"男人关注的重点可能更在于身体的能力，比如他有多强壮，或者有多擅长运动，或者自己的性能力。

不论我们面临怎样的挑战，男性和女性都更容易将自己的身体看作对手，而非朋友。当身体看起来不如想象中美好，或身体的表现不尽如人意时，自我关怀的反应不是"真恶心"，而可能是"哎哟……"换句话说，我们能否看见，尽管饮食不规律、缺乏睡眠、运动不足、年龄渐长，我们的身体依然不屈不挠，我们能否对这样的身体感到同情？这对于男性和女性来说都很重要。

> 吉莉恩已经52岁了，韶华已逝。尽管多年以来，她一直在与体重做斗争，一直觉得自己的身体不够有吸引力，但当她到中年时，她更加痛苦了。每当她瞥见镜子里的自己时，都会皱起鼻子，露出厌恶的神情，心中也充满了自卑感。吉莉恩的眼袋很重，大腿上也背上了很多赘肉的"包袱"。事实上，她觉得自己全身都是这样的"包袱"。她试图在花生酱和巧克力冰激凌里找到安慰，但毫不夸张地说，那种安慰稍纵即逝。吉莉恩试着不要太过在意自己的体型，但她控制不住自己。她从不满意自己的外貌，因为她内心的感觉不够好。

幸好，自我关怀为我们对身体的不满意提供了一剂强有力的解药。[73] 研究发现，只要做一小会儿自我关怀练习就能帮我们减少对于身体的羞愧感，减少自我价值感对于外貌的依赖程度，并帮助我们欣赏身体本来的样子。[74]

当我们用善意、温暖和接纳的态度对待自己时（即使我们看到镜子里的自己并不完美），我们会意识到，我们不仅仅是眼前的这个样子。我们能发觉自己作为一个人的价值，这个人一直在努力追求幸福，虽然经常误入歧途，但依然坚持不懈。如此一来，我们就不会再把身体看作自己的全部，而是拓宽视野，看到内在的资源和心灵的美好才是最重要的。我们可以停下脚步，感谢身体赠予我们的生命，感受我们心灵深处的生命活力。有了自我关怀，我们就能感谢身体依然在为我们做的事情，而不仅是赞颂身体的美貌，并终止对于外貌的疯狂执着。

自从吉莉恩学着做自我关怀练习以后,她与自己以及自己身体之间的关系就发生了改变。她意识到,原来她想要别人认为她是漂亮的,这样别人才会爱她、接纳她,但真正应该爱她、接纳她的人是她自己。没错,随着年龄的增长,吉莉恩的确长胖了些,但她的智慧也随着年龄增长了,而且她最近也意识到了自己的力量——她能够奉献给这个世界的东西。不论是内在还是外在,她都不是完美的,但她渐渐学会了欣赏自己的缺点,因为这些缺点不仅让她变得更加真实和真诚,也体现了她独特而宝贵的人性。吉莉恩不是一个机器人或温顺的主妇——她是一个有血有肉、生机勃勃的人。

随着吉莉恩与自我关系的改变,她与食物的关系也发生了变化。她不再需要依靠暴饮暴食来使自己感到满足了。她能够享受美味的食物,并且在身体说"吃饱了"时停止进食。最大的转变是,吉莉恩终于开始觉得自己足够好,做个普通人也很好,并且终于能够开始爱自己、接纳自己的本来面貌了。

 练习 用自我关怀来拥抱自己的身体

在一个竞争激烈、过度痴迷好身材的文化里,关怀自己不完美的身体是很难的。我们被媒体传达的不切实际的完美形象所包围,导致我们很难对自己的外貌和表现感到满意。我们唯一的选择就是接纳我们并不完美的事实,尽己所能,不管怎样都要爱着自己。这项练习的目的是帮助你接纳自己的本来样貌,使用自我关怀的三元素来拥抱自己的不完美。

- 利用下面空白的空间,为自己的身体做一个善意且诚实的评价。看看你能否静观身体的真实情况——既包括好的地方,也包括不好的地方。首先，罗列所有你喜欢的身体特点。也许你身体状况良好，笑起来很迷人。不要忽略一些可能通常不被纳入自我意象的方面：可能你的双手强壮有力，或者你的消化系统功能很好（不要把这一点视作理所应当！）。让自己充分认可并欣赏身体里所有让你感到满意的方面。

- 现在，也把你身体里所有你不喜欢的特点罗列出来。也许你皮肤上有疤痕、大腹便便，或者你跑步的速度和耐力不比以往。在做这一步时，你可能会产生一些不舒服的感觉，看看自己能否也承认这一点。"要承认我开始出现双下巴，这真的很难，这太让我难过了。"看看你能否与这些感受待在一起，真正地承认并接纳自己的不完美，而非借由夸张的故事来描述自己的不足，从而逃避真实的感受。请尝试用一种平衡的态度来评价自己的"缺点"。你的头发渐渐花白，这真的是一个问题吗？你多出来的10磅体重真的会让你觉得自己的身体不够好、不够健康吗？不要试图对自己的不完美轻描淡写，但也不要过分夸大。

- 然后，看看你能否承认自己的感受里有共通人性。你觉得他人会有与你相同的感受吗？在当今社会，对身体的不满是否已经以某种方式成了人之常情？

- 最后，试着因自己的难过情绪给自己一些善意和关怀。此时此刻，你会怎样安抚和安慰自己？你能否在一定程度上接纳自己，做真实的自己，允许自己拥有各种各样的缺陷？如果你想不出善意的话语，可以想象一下，自己对于有着相同身体意象问题的挚友会说什么话。你会给这位朋友送去怎样的温暖和支持，让他知道你关心他？现在，试着对自己说出相同的话。

沉淀与思考

带着静观之心承认这些身体上你喜欢和不喜欢的方面，给你带来了哪些感想？当你想起共通人性时，有没有发生什么变化？在困境之中，你能否善待自己？

这项练习可能很有挑战性，因为对于我们大多数人来说，自我价值非常依赖外貌。如果这项练习带来了一些难以面对的情绪，试着善待自己，因为对身体的不满会带来痛苦的情绪，也许可以用上"放松触摸"或"即时自我关怀"(第4章)。

此外，有些人有特定的行为目标，如做更多的运动或者均衡饮食，但他们担心，如果他们关怀自己，就会失去改变的动力。请记住，我们可以爱自己，接纳自己真实的样子，与此同时，我们也能鼓励自己养成新的行为习惯，让我们变得更健康、更幸福。

冥想　自我关怀身体扫描

在这次冥想里，我们将以多种方式，亲切地关注我们身体的每一个部分。我们的注意力会从一个部分转移到另一个部分，练习如何用善意与关怀的方式，与身体的每个部分待在一起。我们会带着好奇和温情，将觉知指向自己的身体，你也可以把这想象为观察一个小孩儿时的感觉。

如果你在身体某个部位里感到了轻松与幸福，那么你可以邀请自己的内心产生一些感激或欣赏之情，向那个身体部位表达感谢。如果你对某个身体部位有着评判或不愉悦的感觉，也许你可以为此让自己的心变得更加柔软、充满同情，你也可以把一只手放在那个身体部位上，表示关怀与支持，想象温暖和善意正从你的手掌和指尖流淌出来，进入自己的身体。

如果你感到很难与身体里的某个部位待在一起，可以将注意力暂时转移到别的部位，尤其是给你带来中性情绪或感觉的部位，这样可以让冥想尽可能变得舒适一些。

时刻关注你在每一时刻里的需求。

本书的读者可以先熟悉一下冥想的指导语，然后闭上眼睛，带着关怀之情，让自己的觉知在身体里游走。对于初学者来说，使用指导语录音会更容易（指导语录音见附录B"音频文件清单"）。

- 找一个舒服的姿势，仰面躺下，双手离身侧大约6英尺[一]远，两脚间距与肩同宽。然后，把一只或两只手放在你的心上（或者放在其他能够安抚你的位置），以此来提醒自己，在做这项练习的时候，不要忘记心怀爱意与联结感。感受双手温暖而轻柔的触摸。缓缓地深呼吸三次，放松下来。然后，如果你愿意，请将双手放回身侧。

- 先从你**左脚的脚趾**开始，注意脚趾里有什么感觉。脚趾是热还是冷，干燥还是潮湿？感受脚趾的感觉就好——不论是轻松、不适，或是没有任何感觉。让每种感觉都保持原本的样子。如果脚趾感觉舒适，你可以动一动脚趾，给它们一个感谢的微笑。

- 然后把注意力转移到左脚的**脚底**。你能发现脚底有什么感觉吗？你脚底的面积很小，但双脚撑起了你的整个身体，让你能够整天保持直立。双脚的工作很辛苦。如果你感觉合适，可以为左脚底送去一些感激。如果你有任何不舒服的感觉，就轻轻地对这种感觉敞开心胸。

- 现在，感受你的**整只脚**。如果你觉得脚很舒服，也可以因为**没有**不适而向它表达感谢。如果你**有**不舒服的感觉，允许不舒服的区域变得柔软，就像被裹在温暖的毛巾里一样。如果你愿意的话，可以用善意的话语承认自己的不适，例如"那里有点儿

[一] 1英尺约合30.48厘米。

不舒服，但现在好了"。

- 让自己的注意力逐渐顺着腿部往上移动，每次只注意一个身体部位，留意当下身体里的任何感觉。如果某个部位感觉很好，就向它致以谢意；如果某个部位感觉不适，就向它表达关怀。此时依然要让注意力待在身体左侧，缓慢地在体内移动，移动到……
  - 脚踝
  - 胫骨和小腿
  - 膝盖
- 走神是不可避免的，当你发现自己走神时，让注意力回到你所关注的身体感觉上即可。
- 你可能也想说几句善意、关怀的话语，例如"愿我的膝盖放松，愿它们健康"。然后再让自己的注意力回到每个身体部位的感觉上来。
- 把这整个过程当作一次探索，甚至可以当作一次玩耍，轻轻地让注意力在身体里移动，移动到……
  - 大腿
  - 臀部
- 如果身体里的某个部位让你觉得不舒服，或者你对某个身体部位有些评判，可以试着将一只手放在心上，轻轻地呼吸，想象善意和关怀正从你的手指间涌入自己的体内。
- 如果你感到轻松自在，只要你愿意，可以在心中给那个身体部位一个感谢的微笑。
- 现在，让关爱的觉知充满你的**整条左腿**，在心中腾出空间，容纳你可能有的任何感觉或感受。
- 然后，将注意力转移到**右腿**，转移到……
  - 右脚脚趾

- 右脚脚底
- 右脚
- 脚踝
- 胫骨和小腿
- 膝盖

● 如果某个部位给你带来了太多身体上或情绪上的不适，你也可以跳过这个部位。现在，把注意力转移到……
- 大腿
- 臀部
- 整条右腿

● 现在，让你的觉知转移到**骨盆区域**——支撑腿部的强健骨骼，以及此处的软组织。你可以感受一下屁股坐在地板或椅子上的感觉——感受一下帮你爬楼梯的大块肌肉，它们也能让你轻轻地、舒适地坐着。

● 现在，注意你的下背部——下背部往往积攒了许多压力。如果你发现了任何不适或紧张，可以想象自己的肌肉正在放松，轻轻地"融化"开来。

● 如果能允许自己更舒服，你可以调整一下自己的姿势。

● 然后，注意你的**上背部**。

● 现在，让注意力转移到身体的前半部分，转移到腹部。腹部是身体里非常复杂的部分，其中有许多器官，负责维持许多身体的功能。你可以向腹部表达一点感激。如果你对腹部有任何评判，看看自己能否说一些善意和接纳的话语。

● 然后，让注意力向上移动到胸部。那里是你呼吸的中心，也是心脏所在的中心。此处是爱与接纳的来源。试着让觉知、欣赏和接纳充满自己的胸膛。你可以轻轻地把一只手放在胸膛的中间，允许自己去感受现在的感觉。

- 在冥想的过程中，你可以将手放在身体的任何部位上，甚至轻轻地抚摸那个部位，只要你感觉舒适即可。
- 请带着对待小孩子一样的温暖，将觉知转向自己的身体，感受各个部位的感觉……
    - 左肩
    - 左大臂
    - 肘部
- 将温柔的觉知转移到身体的每个部位，转移到……
    - 左小臂
    - 手腕
    - 手掌
    - 手指
- 如果你愿意，可以动一动手指，享受手指活动时的感受。你的手指是专门用于抓握和操作精巧物体的，对触碰非常敏感。
- 现在，让自己的觉知带着爱意与关怀，扫描整只左臂和左手。
- 然后让注意力转移到右侧，转移到……
    - 右肩
    - 右大臂
    - 肘部
    - 右小臂
    - 手腕
    - 手掌
    - 手指
    - 整只右臂和右手
- 现在，将觉知朝着头部移动，从颈部开始。如果你愿意，可以用手触摸脖子，想想颈部全天无休地支撑你的头部，它还是向大脑输送血液、向身体输送氧气的通道。如果你的脖子感觉舒适，可以向它表达感谢和善意（不论是在心中感谢，还是用触摸表达感谢，都可以）；如果脖子里有些紧张和不适，就为它送去关怀。

- 然后，将觉知转向**头部**，从后脑勺开始，那里有保护大脑的坚硬骨骼。如果你愿意，可以用手轻轻地触摸后脑勺，或者带着关爱的觉知触碰它即可。
- 然后，注意自己的**耳朵**——这对灵敏的感知器官告诉了我们许多关于世界的事情。如果你因为自己能够听见声音而高兴，就让心底涌出感激之情吧。如果你担心自己的听觉，可以把一只手放在心上，给自己一些关怀。
- 接下来，为其他感觉器官送去爱与关怀的觉知，比如……
  - 眼睛
  - 鼻子
  - 嘴唇
- 不要忘记脸颊、下颚和下巴的功劳，它们能帮助你吃饭、说话、微笑。
- 最后，注意自己的**额头和头顶**，以及头顶之下的……**大脑**。你柔软的大脑由数十亿个神经细胞组成，这些神经细胞时时刻刻都在相互交流，以便帮你理解我们生活的这个丰富多彩的世界。如果你愿意，可以对大脑说声"谢谢"，感谢它一刻不停地以你的名义工作。
- 在你带着善意和关怀，关注过全身的所有部位之后，可以试着再向自己的全身、从头到脚地表达感谢、关怀和敬意。
- 然后，轻轻地睁开眼睛。

沉淀与思考

这次冥想给你带来了哪些感想？你注意到了什么？比起某些身体部位，你是否更容易注意到另一些部位里的感觉？

对于那些你心怀评判或感觉不适的身体部位，你能否向它们表达关怀？你试过给予那些部位放松触摸吗？向身体表达感谢，给你带来了哪些感想？

在做冥想的时候，如果你走神了，或者觉得冥想让人沮丧，甚至有些无聊，尽量不要批评自己。有些人不太关注自己的身体，或者他们不喜欢让注意力在身体里停留太久。另一些人在练习身体扫描的时候，会觉得自己终于"回家了"。每个人都不一样。要带着关怀之心，允许自己拥有当前的体验，允许自己做真实的自己。这就是静观和自我关怀。

The Mindful
Self-Compassion
Workbook

第 13 章

进步的阶段

自我关怀练习通常会经历三个阶段：

- 努力
- 幻灭
- 全然接纳

当我们刚开始练习善待自己时，我们往往会把自己对待生活其他领域的态度带到这个过程中来——我们会**努力**做好。一旦我们**体验**到了自我关怀，我们可能会感到非常宽慰，甚至练习的热情也更高了。这是自我关怀练习的早期阶段，这个阶段很像一段爱情关系的早期阶段——迷恋。我们可能会因为刚刚得到的快乐而欣喜不已，进而割舍不下这种体验以及带来这种体验的人。同样地，当我们意识到我们能够（至少在一定程度上）满足**自己的**需要时，那种美妙的发现可能会带来类似坠入爱河的感受。那种感觉很令人振奋。

学习自我关怀的第一阶段可能就像坠入爱河。

当乔纳森第一次做"即时自我关怀"练习（见第 4 章）时，他简直不敢相信这种体验给他带来的震撼。他当时回想的是工作中的一件非常头疼的事情，而那个简短的练习立刻就把他的压力转化成了一种平和而宁静的状态。"也就是说，我只需要静观自己的痛苦，承认共通人性，善待自己就行了？"他想，"这太不可思议了！"

但是，与刚刚坠入爱河一样，虚幻的光环会逐渐褪去。比如，我们可能会把手放在心上，希望能感到刚开始体验到的安全和联结感，但却一无所获。可恶！此时，我们就进入了练习的下一个阶段——**幻灭**。当自我关怀开始让我们失望时，我们就会把它当作另一件我们做不好的事情。

一位冥想教师曾说："任何技术都必将遭遇失败。"为什么呢？因为一旦我们的练习变成了一种操控自己每时每刻体验的"技术"——为了让我们感觉更好，让痛苦消失，这就变成了一种隐性的对抗。我们都知道对抗是怎么一回事！

每当乔纳森和青春期的儿子大吵一架，感到既生气又沮丧时，他以为自己知道如何平静下来……做"即时自我关怀"就好！可惜的是，那不管用，所以乔纳森又尝试了"放松触摸"（见第 4 章）。可那也不管用。乔纳森觉得自己好像被一个信赖的朋友抛弃了，感到无比灰心。"我以为我已经把这一切都搞明白了，可我依然那么痛苦。我肯定是太不擅长自我关怀了。"

当幻灭的绝望让我们灰心丧气、向失望屈服时，我们才真正取得了进步。进步的真正内涵是放下"进步"的想法。此时，我们不再努力做到某件事情，不再努力达成"善于自我关怀"的目标，不再努力消除痛苦，而是开始重新审视并修正自己的意图。我们不再纠结于自我关怀练习带来的效果，而是纯粹为了练习本身而做练习。在这个时候，我们就进入了**全然**

接纳的阶段，第 7 章提到的悖论能很好地阐释这一点：

当我们挣扎时，我们关怀自己，并非为了感觉更好，而正是因为我们感觉很糟糕。

也就是说，当我们处在困境中时，我们做练习的目的不是为了摆脱痛苦，而是因为有时生而为人是一件难事。全然接纳就像父母在安慰一个患有流感的孩子。父母安慰孩子并非为了赶走流感，流感会自行好转。但孩子发了烧，心情低落，父母给她的安慰只是对于痛苦的自然反应，与此同时，疗愈的过程已经开始了。

当我们试图安慰自己的时候，也是如此。一旦我们完全接纳自己是不完美的人类，常常犯错和受苦，我们的心自然而然地就会变得柔软起来。我们依然会感到痛苦，但我们也能感受到**抱持**痛苦的爱，而痛苦则变得可以承受了。这种反应之所以被称为"全然"，是因为它与我们通常对待痛苦的方式截然相反，而这种方式带来的转变也是"全然"的。

在与冥想教师谈过之后，乔纳森发现自己自我练习关怀的目的发生了转变。自我关怀让他感觉更好了，而他感到如释重负，以至于他养成了在感觉糟糕的时候练习自我关怀的习惯。渐渐地，乔纳森发现自己的生活永远不可能免于痛苦。一旦乔纳森的心中产生了这种领悟，他就发现，只要自己陷入困境，内心就会出现一种安静而柔和的感觉。他甚至开始把痛苦当作一种**提醒**，让自己不要忘记敞开心扉。毕竟，开放的心胸是他在这一生中最想要的东西。

一位冥想教师曾说："即便在这么多年以后，我们依然会生气，依然会愤怒，依然会羞怯、嫉妒，或者觉得自己毫无价值。关键在于……不要自暴自弃，而要成为更好的人。重要的是，要与我们已经成为的这个人做朋友。"[75]

冥想教师罗布·奈恩说得更为简练:"我们练习的目的,就是为了成为一个充满关爱的人。"[76] 这就意味着做一个完整的人,即便常常陷入挣扎、不确定和困惑的处境里,但也心怀着极大的关爱之情。最美妙的一点是,这完全是可以达成的目标。不论我们遇到了多大的挫折、多大的痛苦,我们的生活或人格有多少缺陷,我们都依然能静观自己的痛苦,记起共通人性,并且善待自我。

进步的三个阶段并非总会以线性的、前后相继的顺序出现。它们更像是一个螺旋上升的过程,有时我们会在不同阶段里来回反复。但是,随着时间的流逝,努力与幻灭会变得更少,而全然接纳会在我们人生的起伏中占据越来越多的空间。我们开始相信,不论发生了什么,我们都依然能以充满爱意和联结的临在状态来抱持自我。

练习　我在自我关怀练习的哪个阶段

请思考下面三个问题,然后在空白处记录你的想法。
- 记住,我们会在自我关怀练习的三个阶段里循环往复,花一些时间来反思一下,你现在可能正处在哪个阶段——努力、幻灭,还是全然接纳?

- 如果你在练习中的某些领域遇到了困难,有没有能够减少困难

的方法？有没有哪种感受，让你想要给予更多空间，放下或允许自己更深入地体验？

- 在这趟旅途中，你能否给予自己一些关怀？在练习的时候，你能否温和而耐心地对待自己，比如对自己说一些善意、理解、支持或感谢的话语？

沉淀与思考

大家一听到"进步"这个词，往往会想到"进步多多益善"。换句话说，大家可能会因为自己没有进入全然接纳的阶段而对自己产生评判。我们要意识到，自我关怀是一种存在的方式，而不是努力的终点，这是很重要的。尽管我们会有全然接纳的时刻，我们也会有许多努力和幻灭的时刻。这些都是这趟旅途中同等重要的方面。因此，如果你对自己所处的阶段有任何评判（不论是积极的还是消极的），那就看看你能否放下自我评价的习惯，仅仅让自己带着温和的态度，对当下真实的状态敞开心扉。

非正式练习 做一个即使身陷困境也能充满关爱的人

只要你发现自己在试图用自我关怀的方法来消除痛苦，或成为一个"更好的人"，请试着将自己的关注点从这种微妙的对抗上转移，试着仅仅因为我们都是不完美的人，过着不完美的生活而践行自我关怀。而且，人生本来就很艰难。换句话说，我们要练习做一个"即使身陷困境也能充满关爱的人"。只要你陷入了困境，就可以在日常生活中做做这项练习。

- 回想一个生活中让你觉得自己有某些缺陷，并给你带来痛苦情绪的情境。可能你做过某件让你后悔的事，或者你在某件对你很重要的事情上失败了。选择一个轻度至中度的问题，不要选择严重的问题，因为我们要逐步发展自我关怀的资源。
- 当你回想起这个情境时，能否感觉到身体上的不适？如果不能，那么请再选择一个稍微困难一些的情境。但是，如果你感到非常不适，就选择一个没那么困难的情境。
- 当你心里感到不舒服的时候，看看自己能否完全接纳这种痛苦。在抱持这些难以面对的情绪时，允许自己的心融化开来，安抚并关怀自己，**因为**这对你来说太难了。你能否找到属于自己的、充满爱意与联结的临在状态，陪伴自己度过这个艰难的时刻？
- 深呼吸两三次，闭上眼睛，花一些时间来让自己安定下来，把注意力集中在自己身上。把双手放在心上，或者给自己一些放松触摸，向自己表达支持和善意。
- 试着对自己讲话（说出声来或默默地说都行），要使用温暖、支持和关怀的话语。例如：
  - "看到你现在对自己的感觉这么糟糕，我也很难过，但这些感受会过去的。我在这儿陪着你，一切都会好起来的。"

- ■ "失败的痛苦几乎让人无法承受。我无法让这种感觉消失,但我会试着拿出勇气、耐心,以开放的心态来面对它。"
- 你能允许自己做真实的自己,做一个完整的人吗?你能否开始放下追求完美的努力,并承认你已经尽了最大的努力吗?试着对自己说说话,承认自己的不完美,但也要给予自己无条件的接纳——就像你可能会对朋友说的话,或者对某个你真心在乎的人说的话。例如:
  - ■ "身陷困境也没关系,不完美也没关系。"
  - ■ "哇,我真的是搞砸了。我希望我没这样做,但事实就是如此。这种感觉太糟糕了。我是个不完美的人,有时会犯错,我没法改变这一点。希望我能试着用理解和善意来接纳自己。"

沉淀与思考

如果你不愿放下想要做对的努力,或不愿接纳自己的不完美,这是很正常的。我们想要感到安全,而犯错让我们感到不安全。但是,我们不需要因为想要成为不一样的人而评判自己,欺侮我们已经受伤的心灵。我们只需要认识到,这种困境如何为我们增添不必要的痛苦,并进行一番探索。看看我们能否**开始**接纳自我以及我们生而为人的缺陷,再看看会发生什么。

The Mindful
Self-Compassion
Workbook

第 14 章

深刻的生活

最基本的自我关怀之问就是"我需要什么"。但是,如果我们不知道自己这一生最看重什么,就无法给予自己所需的东西。我们最看重的东西,就是我们的核心价值,这些价值深深地根植于我们的心中,指引着我们,赋予我们生活的意义。[77] 需要与价值似乎都反映了人类天性中某些至关重要的东西。需要通常与生理和情感方面的生存有关,例如对健康和安全的需要或者对爱和联结的需要;价值则往往含有选择的成分,例如关注社会公正或从事创造性活动的选择。

弄清你的核心价值能帮助你给予自己真正需要的东西。

我们生活中的艰难困苦在很大程度上都取决于我们的核心价值。例如,如果你看重自由时间,乐于尝试新鲜的冒险,那么没有升职、不必加班就是一件幸事。然而,如果你看重养家糊口,那么错失升职的良机就是一个沉重的打击。

目标和**核心价值**之间是有区别的，见表 14-1。

表 14-1　目标与核心价值的区别

目标是可以**达成**的	即便我们已经达成了目标，核心价值依然能指引我们
目标是**有止境**的	核心价值为我们提供了**方向**
目标是我们要**做**的事情	核心价值是我们**存在**的方式
目标是我们为自己**设定**的	核心价值是逐渐**发现**的
目标往往来自外界	核心价值来自我们的内心深处

核心价值包括关怀、慷慨、诚实和奉献等。我们的许多核心价值都是关系价值——我们想得到怎样的对待以及我们想怎样对待他人，但还有一些核心价值是有关个人的，例如自由、精神成长、探索或表达艺术灵感。[78]

马克在一家公司法律师事务所工作，他的座驾是一辆雷克萨斯轿车。在外界看来，他是一位成功人士。他父母一向希望他成为医生或律师，但当他终于当上事务所的合伙人时，他才发现自己的生活里缺少了什么。他的生活不开心，也不知道自己怎么会过上这种自己完全不想要的生活。马克热爱写作，与写作起诉书状告侵权人相比，他更愿意写小说。虽然他经常梦想着离开自己的事务所，去做一个科幻小说家，但他担心父母不会同意他的选择。除此之外，他更害怕的是失败，害怕当作家养不活自己。

如果生活与自己的核心价值不一致，我们就会受苦。因此，发现自己的核心价值，弄清我们的生活是否与核心价值一致，并尝试给予自己所需的东西，就是自我关怀中的一项重要行动。如果我们真正关心自己的幸福，想要减轻自己的痛苦（换句话说，如果我们能做到自我关怀），我们往往会找到自己的内在资源，以更贴近核心价值的方式生活，并且过上更加深刻和有意义的生活。

后来，马克陷入了抑郁，开始去看心理治疗师。治疗师给他讲了有关自我关怀的事情。马克意识到，如果他想要成为自己更好的朋友，他就需要花更多的时间来做自己真正喜爱的事情。马克习惯早起，于是他开始在每天早上多拿出一个小时，来创作一个他在过去五年里一直在脑海中构思的故事。这个小小的改变，被马克称为"要事优先"，让马克变得更开心、更有活力了。而且，从那以后，马克发现自己在办公室里的工作也没有那么繁重了。他加入了一个在下班后聚会的写作小组，结交了一些志同道合的朋友，参加当地书店的读书会，开始觉得自己的生活走上了正轨。马克心中想要改行的渴望减弱了，至少目前如此。

练习　发现我们的核心价值

请在空白处做这项书面练习。

- 想象自己已经步入老年。你坐在美丽的花园里，回忆自己的人生。回顾过往，你感到了深深的满足、愉悦和圆满。尽管生活并非总是一帆风顺，但你总能尽最大的努力，真诚地面对自己。在你赖以生存的核心价值里，哪一条核心价值为你的生活赋予了意义？比如，是与大自然亲密接触、旅游和冒险，还是服务他人？请写下你的核心价值。

- 现在，如果你觉得自己在某些方面**没有按照自己的核心价值生活**，或者觉得难以在生活与自己的价值之间找到平衡，那么请将你想到的情况写下来。比如，尽管与自然的联结是你在生活中最喜爱的事情，但也许你太忙了，没有时间与大自然接触。

- 如果你觉得自己偏离了好几项核心价值，选一个对你最重要的写下来。

- 当然，往往有一些障碍会妨碍我们按照自己的核心价值生活。有些可能是**外部障碍**，比如没有足够的金钱或时间。例如，可能你的工作需要投入的时间太多了，导致你没有时间到大自然中去玩。如果你有任何外部的障碍，请写下来。

- 可能也有一些**内部障碍**导致你无法按照核心价值生活。例如，你是否害怕失败，是否怀疑自己的能力，或者你内心的自我批评是否让你寸步难行？也许你觉得自己不配在树林里度过无忧无虑的一天。写下你可能会有的任何内部障碍。

———————————————————————————

———————————————————————————

———————————————————————————

- 现在，思考一下，**善待自己和自我关怀能否帮助你按照自己真心相信的价值生活**。例如，能否帮助你克服像内在批评这样的内部障碍。自我关怀能否以某种方式让你感到安全，拥有足够的自信来采取新的行动、承担风险，或者不再做那些浪费时间的事情？你还能不能发现从前没想到过的、在生活中表达自己核心价值的方式？例如，能不能找一份时间安排更灵活的工作，这样你就能经常去露营了？

———————————————————————————

———————————————————————————

———————————————————————————

- 最后，如果真有某些**难以克服的障碍**，让你无法按照自己的核心价值生活，你能否给困难中的自己一些关怀？也就是说，即便条件艰难，你也没有放弃自己的核心价值，你能否为此给自己一些关怀？如果那个难以克服的问题是你**不够完美**，就像所有人一样，那么你能否原谅自己？

_____

_____

_____

沉淀与思考

这项练习让你有什么感想？你是否遇到了意外的情况？

在做这项练习的时候，有些人难以发现自己的核心价值。这可能是因为我们对自己的生活一向缺乏深刻的体验，以至于我们甚至没有停下脚步，花上足够的时间来思考哪些价值对我们来说意义重大。在这种情况下，最简单的自我关怀就是问自己"我需要什么"。你的价值真的是自己选择的吗，还是其他人告诉你应该有的？

其他人可能很清楚自己的核心价值是什么，但他们对于自己没有按照核心价值去生活而感到失望。尽管思考自我关怀能否帮助我们放下那些阻碍我们的事物是有用的，但有时不论我们怎样努力，就是无法按照核心价值生活，意识到这一点也是同样重要的。如果你就属于这种情况，看看自己能否接纳人生的复杂性，并且将内心最深的愿望依旧留存在心中。你可能会发现，稍稍表达一下自己的核心价值，也能在生活中产生重大的改变。

 非正式练习　活出生命的誓言

我们的不满、沮丧和焦虑往往都来源于我们没有按照自己的核心价值生活。一旦我们意识到，我们"身处错误的地点、时间，做着错误的事情，和错误的人在一起"，就是时候记起我们的核心价值了。

我们可以把核心价值变成誓言，这样就能记住了。什么是**誓言?**

- 我们在生活中误入歧途时，誓言就是不断帮助我们找回方向的**志向**。
- 誓言能把我们的生活**锚定**在最重要的事情上。誓言不是有强制约束力的契约。
- 誓言**就像呼吸**，正如在呼吸冥想中一样——当我们迷失在日常生活中时，那是一个可以返回的安全港湾。

当我们发现自己迷失方向时，我们需要给予自己很多的关怀，不要羞辱或指责自己，然后再把关注点重新放在核心价值上。

选择一个你在上一个练习中发现的、愿意终生身体力行的重要核心价值。

现在试着用宣言的形式把那个核心价值写下来，"愿我……"或"我誓愿……，尽我所能"。

_____

_____

_____

闭上眼睛，默念几次这条誓言。

沉淀与思考

你能写出一条有意义的誓言吗？将自己的意愿变成誓言的形

式，给了你怎样的感受？

许多人觉得每天说一说这样的誓言会让自己的生活保持在正确的轨道上，就像设置了 GPS 来寻找回家的道路。如果你愿意的话，在每天早上起床之前，你可以把手放在心上，说几遍自己的誓言，然后再起床。你也可以在睡觉前做这件事。有时，有一些小小的仪式是有帮助的，比如在说出誓言的时候点一根蜡烛。

练习　黑暗中的光明

要过上深刻的生活，另一个重要的方面就是向生活中的困难与挑战学习。虽然我们大多数人都害怕困苦与失败，但往往正是这些经历教给我们一些在别处学不来的经验教训。一行禅师（Thich Nhat Hanh）说："没有淤泥，就没有莲花。"[79] 也就是说，如果不扎根于生活的泥泞里，我们完整的潜能就不会像莲花一样绽放。挑战会迫使我们探寻内心的深处，发现之前并不为我们所知的资源与领悟。俗话说"黑暗之中总有一丝光明"，指的正是这层真理。自我关怀对我们最大的馈赠，就是它让我们与自己的痛苦相处，而不被痛苦所压倒，给予我们成长、发现新知所需的支持。

要充分发挥我们的潜力，需首先扎根于泥泞之中。

在做这项练习之前，你可以做两三次深呼吸，然后闭上眼睛，花一些时间让自己安定下来，把注意力集中在自己身上。可以试着把双手放在心上，或者给自己一些放松触摸，以此来表示对自己的支持与善意。

- 请回想过去的生活中有没有这样一段困难经历，这段经历在当时看来非常艰难，甚至无法忍受，但现在回想起来，给你上了一堂重要的课。你所选择的事情应该是在很久以前发生的，现在已经得到了解决，而你也学到了需要学习的东西。当时发生了什么？请写下来。

　　_____

　　_____

　　_____

- 那场挑战或危机教给了你哪些深层的经验教训，而这种经验教训又是你从别处学不到的？请把这些也写下来。

　　_____

　　_____

　　_____

- 做一个思维实验，请你思考一下，在自己的生活中，有没有哪个**当下**的困难，也可能具有积极的一面。如果有，那么在你当前的困境中，可能蕴含着哪些**隐藏的经验教训**？

　　_____

　　_____

　　_____

- 练习自我关怀能怎样帮助你在这种情况下感到安全和坚强，好让你学到需要学习的东西?

沉淀与思考

在做这项练习时,你有哪些感受?你能否在当前的困境中找到潜在的积极面,能否想到自我关怀可以怎样帮你做到这一点?

有时困境没有积极面,能幸存下来都已经非常了不起了。如果你遇到过这种情况,请花一些时间来欣赏自己的坚韧不拔。

请记住,从困境中学来的经验教训能帮助我们用积极的方式重新定义我们的痛苦。当然,这个过程并不会否认困境中的艰难。如果你很难在当下的情境中找到积极的方面,这也是很正常的,不必强求。只要敞开心扉,愿意接受困境中包含成长的可能性,就能帮助我们更轻松自如地抱持这些事情。

第 15 章

陪伴他人但不失去自我

自我关怀为我们的生活带来的一大转变，就是允许我们为他人付出，但不失去自我。当我们全心全意地陪伴在受苦的他人身边时，我们也能在体内感到那种痛苦，的确如此。一些科学家证实了一类特殊神经元的存在，这类神经元专门负责感知我们体内与他人相同的感受，它们叫作**镜像神经元**（mirror neurons）。[80] 大脑中也有一些区域专门负责评估社会情境，并且与他人的情绪产生共鸣。[81] 这类同感共鸣往往出现在前语言的、直觉的层面上。

同感共鸣具有演化意义上的适应性，因为它让我们得以相互合作，更好地抚养幼儿，保护我们免遭危险。我们天生渴望社会互动。尽管共情通常是一件好事，但也能造成问题，因为当我们与痛苦中的他人产生共鸣的时候，尤其是我们非常了解这个人时，我们就会把他的痛苦当成我们自己的。有时共情的痛苦会让我们不堪重负。一旦发生这种情况，我们就会尝试多种方法来回避并减少**我们的**痛苦，例如对对方视而不见或者用理性来逃避，试图解决这个问题。（更多有关这个话题的内容，见第 18、19 章。）

你有没有想过，为什么有些人在你尝试向他们倾诉困难时，没有真正倾听你的诉说，就直接开始向你提供如何解决问题的建议？或者说，你有没有对别人做过这样的事？这种反应非常普遍，可是我们为什么要这样做呢？其中的一个原因是，与他人的痛苦共处是很不舒服的，因为我们会与他们一同感受这种痛苦。共情的痛苦也能唤起自己生活中的恐惧或不愉快的回忆。

玛丽亚自认是个善良的人，总想帮助他人。有一天，她的挚友艾莎请她出来喝咖啡。艾莎哭着给玛丽亚讲了自己刚刚和交往很久的男朋友分手的事情。但是，玛丽亚没有让艾莎把自己的故事讲出来。玛丽亚发现自己在不断地打断艾莎，提醒艾莎一切都会好起来的，她肯定会再找到真爱的。终于，艾莎大发脾气："为什么你就不能听我说？我很伤心，我需要把这些说出来。也许我在某一天会好起来，但我现在不好。我现在需要你在这儿陪着我！"很明显，艾莎感到非常沮丧，站起身离开了咖啡桌。

尽管玛丽亚想帮忙，但她处理的方式却让事情变得更糟了。我们当中那些喜欢解决问题的人可能特别倾向于"解决"他人的痛苦。尽管我们的意图是好的，但不充分倾听他人并承认他们的痛苦，就打断他人的讲话，可能会切断你与对方的情感联结。对方可能在有意或无意间希望得到关怀。关怀是一种资源，能够让一个人抱持痛苦，而不试图立即让痛苦消失；也能允许我们用最亲切、温和的态度关照那个经历痛苦的**人**。

我们怎样才能与痛苦中的人保持情感联结？首先，我们需要与**自己**保持联结——我们需要注意到自己共情的痛苦，关怀自己。如果我们保持开放的心态，接纳我们对对方产生的每时每刻的反应，并且对于"倾听有时是件难事"抱有关怀的态度，我们就能允许对方畅所欲言，而不需要打断他们或者在对话时分散自己的注意力。

> 要保持对他人的共情，始于对自我的关怀。

艾莎离开后，玛丽亚终于有机会整理自己的思绪了。她发现，看着自己的朋友那么难过，自己也很痛苦。她只是想通过提供有用的建议来让艾莎不再痛苦，很明显，事与愿违，因为艾莎没有得到她迫切需要的关怀与倾听。除此之外，玛丽亚也想起了自己一年前的一场相似的分手，这段回忆放大了她不堪重负的感觉。

玛丽亚很爱自己的朋友，所以她在当晚晚些时候去了艾莎家，向艾莎道歉，请艾莎再多讲一些。这一次，当艾莎在讲述自己的故事时，玛丽亚用了"关怀的倾听"（见下文）。只要玛丽亚觉得不舒服，她就深深地吸一口气。玛丽亚很快就发现，倾听艾莎的话变得容易多了。玛丽亚很高兴，也松了一口气，原来她真的能够支持并陪伴自己的朋友，也能支持和陪伴自己。

 冥想　给予和接受关怀

这次冥想需要以之前的两次冥想为基础——"自我关怀呼吸"（第 6 章）和"给自己慈爱"（第 10 章），既包含呼吸的觉知，也包括主动培养的善意与关怀。这是静观自我关怀课程里的第三个核心冥想。我们可以为自己吸气，为他人呼气。在呼气的时候，将冥想的范围扩大，将其他人容纳进来，并且用吸气提醒我们要自我关怀。（这次冥想的指导语录音详见附录 B"音频文件清单"。）

你需要什么，才能在与他人待在一起时感到安全和舒适？

- 请找一个舒服的姿势坐下，闭上眼睛。如果你愿意，可以把一只手放在心上，或者放在其他能够安抚你的地方，提醒自己不但要将觉知带入自己的感受，带入自己的体内，还要让觉知**充满爱意**。

享受呼吸

- 做几次深呼吸，放松下来，留意呼吸是如何在吸气时滋养你的身体，在呼气时安抚你的身体。
- 现在，让呼吸找到自然的节奏。不断地感受呼气和吸气的感觉。如果你愿意，请允许自己跟随呼吸的节奏轻轻地摇晃，并感受呼吸对你的抚摸。

觉知热身

- 现在，请把注意力集中在**吸气**上，让自己享受吸气的感觉，留意吸入的空气如何滋养你的身体，将空气一口接一口地吸入体内……然后慢慢地呼出。
- 在吸气的时候，请将对自己的善意和关爱吸入体内，用心感受那种善意与关怀。如果你愿意，也可以在吸气时默念一句话，或者想象一幅画面。
- 现在把注意力转移到**呼气**上，感受身体呼出的空气，感受呼气带来的放松。
- 让一个**你爱的人或者身陷困境、需要关怀的人**出现在你的脑海里。在脑海里想象这个人的样子。
- 引导自己呼气，让呼出的空气朝向这个人，为他带去呼气的轻松。
- 如果你愿意，请在每次呼气时，都为这个人送去善意与关怀，一次接一次地呼气。

为我吸气，为你呼气

- 现在，**同时**关注吸气与呼气的感觉，享受每次呼吸的感觉。
- 开始在吸气时关怀自己，在呼气时关怀对方。"为我吸气，为你呼气。""为我吸一口气，为你呼一口气。"
- 在呼吸的时候，吸进对自己的善意和关怀，呼出对对方的善意和关怀。
- 如果你愿意，可以给自己多一点关注（"为我吸两口气，为你呼一口气"），也可以给对方多一点关注（"为我吸一口气，为你呼三口气"），或者保持公平，只要在此时此刻你觉得合适就好。
- 放弃所有不必要的努力，允许这次冥想像呼吸一样简单。
- 让你的呼吸自由地进出，就像轻柔起伏的海浪，就像无边无际的洋流不断地流入、流出。让自己成为这无边无际的洋流中的**一部分**。这是一片关怀的海洋。
- 轻轻地睁开眼睛。

沉淀与思考

在做这次冥想的时候，你注意到了什么？你感觉到了什么？为自己吸气和为他人呼气相比，哪个更容易？你能否在需要的时候调整呼吸的流动，能否根据哪一方的需要更迫切来调整重心，进而更加关注自己或对方？

既关怀自己，也关怀他人，能给我们带来极大的安慰。但是，有些人不喜欢关注自己，尤其是在对方正处于极度痛苦中时。调整我们呼吸的朝向，让我们感觉舒服是很重要的。有时将关注点主要放在为他人的呼气上是合适的，还有些时候可以主要

> 关注自己的吸气。只要双方都被包含在了关怀的范围之内，你最终会找到一种自然的平衡状态。

 非正式练习　自我关怀倾听

当下次有人向你诉苦的时候，你就可以在倾听时做这项练习。这项练习可以帮你与对方保持情感联结，同时让你不被感受吞没。

具身倾听

- **具身倾听**是指用整个身体全身心地倾听。不论身体里产生什么感觉，都允许自己去感受；与此同时，还要关注你的眼睛和耳朵。如果你觉得合适，就让自己练习充满爱意和联结的临在（即关怀）。让你的身体向两个方向发散出这种能量——既朝向自己，也朝向倾诉者。
- 在倾听的时候，你会产生许多自然的反应。比如，你可能因为听到的故事而勾起自己的情绪或感到不堪重负；你可能因为回想起自己的故事而走神，因为你的故事和你听到的有关；你也可能很想打断对方，并"解决"他的问题。

给予和接受关怀

- 当你发现自己走神时，你就可以立即开始私下练习"给予和接受关怀"了。先把注意力放在呼吸上一段时间，用吸气给自己带来关怀，用呼气给对方送去关怀。用吸气来关怀自己，能使你与身体重建联结；用呼气来关怀他人，能让你与倾诉者重建联结，让你能待在对方的痛苦之中。稍稍关注这样的呼气，也能满足你想要帮助对方解决问题的冲动（例如打断对方）。

- 继续将关怀吸入体内、呼出体外，直到你能再次全身心倾听对方。我们不要在倾听的时候过多地关注自己的呼吸，因为这样的一心二用可能会让我们分神。相反，关怀的呼吸只是在我们走神时兜住我们的安全网，帮助我们回到充满爱意和联结临在状态中。换句话说，这就是陪伴他人，而不失去自我。

沉淀与思考

在倾听他人时尝试过几次这种方法后，思考一下，这项练习给你带来了怎样的影响。如果你觉得呼吸阻碍了倾听，让你分心，那么也许你可以减少放在呼吸上的注意力。但是，如果你觉得自己仍然会被共情的痛苦所吞没，或者仍然无法抑制自己解决问题的冲动，可能应该在倾听时把注意力更多地放在自己的身体里，为自己吸气、为他人呼气。请继续试验，直到你找到适合自己的平衡点。

The Mindful
Self-Compassion
Workbook

第 16 章

与困难情绪相处

生活不易。生活中常有挑战，以及与之相伴的困难情绪，如愤怒、恐惧、担忧和哀伤。到了一定的年龄，我们就知道逃避问题是于事无补的，我们需要直面问题。

然而，当我们**接近**困难的情绪时，即使能做到静观和自我关怀，在一开始，我们的痛苦程度也会上升，而我们的自然本能就是回避。但如果我们要治愈自己，就需要面对这些情绪——唯一的出路就是直面困难。如果我们想过上健康、真诚的生活，就必须鼓起勇气，与情绪上的痛苦相处。既然如此，这是不是说不论情绪有多么强烈，我们都需要面对所有的困难情绪？幸运的是，并非如此。有人曾问冥想老师一行禅师，我们应该在练习中带入多少痛苦情绪。他的回答是："不多！"

我们需要体验到不适感，自我关怀才会产生，但我们只需要**接触**情绪痛苦，就可以培养关怀，而我们可以缓步慢行，这样就不会让自己被情绪淹没。自我关怀的艺术包括，在不适感出现的时候，**逐步**面对痛苦。

> 我们需要面对困难的情绪，并与它们相处，
> 这样我们才能治愈自己。

与困难情绪相处时，一共有五个阶段[82]，这五个阶段对应着一个逐渐释放情绪对抗的过程。

- **对抗**：与出现的情绪做斗争——"走开！"
- **探索**：带着好奇心接近不适感——"我现在有什么感受？"
- **容忍**：安全地忍耐、稳定地抱持——"我不喜欢这种感受，但我能忍受它。"
- **允许**：让情绪自由来去——"没关系，我能在心中腾出空间来让情绪自由来去。"
- **友善相待**：看到困难情绪中的价值——"我能从中学到什么？"

读者可以把这接纳的五个阶段看作如何在做书中练习时保持安全的行动指南。如果一个练习让你觉得不堪重负，明智的做法可能是暂时把它放在一边，也许你可以保持好奇，而不必完全向困难情绪敞开心扉。为了安全而暂时后退，可能是你能在自我关怀中学到的最有价值的一课。

> 问问自己，你需要什么——你需要开放还是封闭？

静观与自我关怀的资源能够帮我们与困难的情绪相处，而不回避或与之对抗，但也不会让我们被那些情绪压垮。

要与困难的情绪打交道，有三种特别有用的策略：

- 给情绪命名。
- 觉察身体里的情绪。
- 放松—安抚—允许。

前两种方法建立在静观的基础上，而第三种方法与关怀更相关。

给情绪命名

"一旦你给情绪命名，你就驯服了情绪。"给困难的情绪命名或"贴标签"能帮我们挣脱情绪或与情绪"分离"。研究表明，当我们给情绪命名时，杏仁核（登记危险信号的大脑结构）的活跃程度会下降，触发身体压力反应的可能性也会降低。[83]当我们轻轻地说"这是愤怒"或"我感到害怕了"的时候，我们通常能感到一些情绪上的自由——这种困难情绪的周边多了一些空间。这样一来，我们就不会迷失在情绪中，我们能够承认自己正体验到了那种情绪，因此有了如何回应的选择。

为困难的情绪命名能让我们免于迷失其中。

觉察身体里的情绪

"一旦你能感受到情绪，你就能治愈情绪。"情绪有心理与生理的成分——想法与身体感觉。举例来说，当我们愤怒的时候，我们会花许多时间，在头脑中为自己的观点辩解，盘算我们后来或当时应该说什么。我们也会感到腹部有紧张感，因为我们的身体做好了斗争的准备。

从想法的层面处理困难情绪是很难的，因为我们很容易受到想法的控制。相比之下，从身体感觉的层面来处理情绪要容易一些。想法产生和变化的速度太快了，我们很难长时间地抓住想法并使之产生任何转变。相反，身体里的变化相对较慢。当我们发现并锚定身体里的情绪时，也就是找到情绪真正的身体感觉，并将其抱持在静观的觉知里时，困难的情绪往往就会开始自行发生改变。

当单亲妈妈凯拉打开来自大学书店的账单时，她被里面的数额震惊了。在女儿迪娜去上大学的时候，她给了女儿一张信用卡，让她去买教材和其他用品，但她完全不知道现在的教科书有多贵。凯拉感到很沮丧，双手出汗，绞在一起。在支付了迪娜秋季学期的学费以后，她已经透支了自己的银行账户。现在她怎么付得起这些钱？她是不是需要再多加一些班呢？但是医生已经说她的血压太高了。向前夫求助呢？门儿都没有！他已经有了新的家庭，而且已经说过，他在迪娜年满18岁后就不再抚养她了。这个混蛋。凯拉可能只能给迪娜打电话，让她把书退回书店，希望她能从朋友那儿借到书。或者，也许迪娜应该转去学费更低的社区大学？

凯拉知道自己必须冷静下来，试着使用一些自己学过的静观技术。她给自己倒了一杯茶。渐渐地，她在心里找到了足够的空间，能够询问自己的感受。"是恐惧吗？等等，不是……是悲哀！"如果她不得不让迪娜从自己努力进入的大学退学，那就太悲哀了。没错，费用是比预想的要高，但这不会毁了自己的生活。而且，凯拉的奖金就快发下来了，这样就能还清欠款了。仅仅是说出并承认自己的情绪，就能帮助凯拉审视自己的处境，把事情看得更清楚。

接下来，凯拉开始尝试弄清这种悲哀处在身体的哪个部位。似乎绝大部分都处在心脏的区域，那里有一种空虚感，也有一些沉重感。当凯拉将自己的觉知导向身体的心脏区域时，悲哀的强度就进一步减弱了。

放松—安抚—允许

只要我们与困难的情绪建立起关爱、接纳的关系，它们往往会转瞬即逝，很快就会消失。如果我们的觉知里有害怕的成分，我们对情绪的开放程度就会减少，难以容忍困难的情绪。但如果我们的觉知既温柔又温暖，我们就有力量去感受体内的情绪，给予自己需要的东西。

"放松—安抚—允许"是我们的身体面对困难情绪时可能会有的一系列反应。我们可以用三种方式来安慰自己：

- **放松**——身体的关怀。
- **安抚**——情绪的关怀。
- **允许**——心理的关怀。

"放松—安抚—允许"技术为之前的两种静观方法增添了关怀的色彩。这种方法不仅将我们的困难情绪抱持在宽广的觉知里，还让我们的怀抱变得更加温暖。关怀给予了我们更多的安全感，这样我们才能有更多的空间来处理自己的情绪，并从中学习。

那天晚上，凯拉在床上辗转反侧，无法入睡。她依然很沮丧，于是她尝试了学过的"放松—安抚—允许"技术。首先，她为自己的感受命名——依然主要是悲哀，还有一些恐惧，然后心里感到了之前有过的那种强烈的疼痛。然后，凯拉在这些感受里加入了一些关怀。她让自己的身体放松下来，这样她就不会再把那些感受紧紧地禁锢在胸膛里了。然后她把手放在心上，轻轻地抚摸胸口，温柔地画着圈，用对好朋友讲话的口吻对自己说话。"亲爱的，看到你现在经历的经济困难，我也很难过。这不公平。当然，你会很难过——你想给女儿最好的生活。我们会找到办法渡过难关的。"

凯拉给予自己理解和支持之后，她的悲伤立刻就不那么难以忍受了。她能允许悲伤存在，用无限的温柔来抱持它。她也意识到，自己能从这种情境中学到一些东西。她往往会想到最坏的情况，给自己增添不必要的痛苦，而这是她患上高血压的主要原因。但是，她不需要让自己忍受这种痛苦。当凯拉勇敢地抱持恐惧与悲伤（还有自己）时，这些情绪就不会控制她了。这层领悟让凯拉增长了自信，她相信自己能够面对未来的其他挑战，即使作为一个单亲母亲，她也不会被困难打倒。

 非正式练习　处理困难情绪

上文中的三种处理困难情绪的方法可以分别练习，也可以组合在一起练习，这些方法适合在日常生活中使用，而你往往正是在日常生活中最需要这些技术。你可以通过下面的指导来练习这些技能，也可以在网上听指导语的录音（见附录 B"音频文件清单"）。

- 找一个舒服的姿势，坐着或躺着都可以，闭上眼睛，呼吸三次，让自己放松下来。
- 把一只手放在心上，或者其他能够安抚你的地方。稍后，提醒自己现在正待在房间里，而且你应该得到善意的对待。
- 回忆一件**介于略有困难和比较困难之间的事情**，也许你有一些健康问题、关系中的压力，或者自己爱的人正处在痛苦之中。不要挑选非常困难的情境或无关痛痒的问题——选择一个想起来就能给身体带来一些压力的问题。
- 在脑海中清晰地想象这个场景。**场景中有谁？发生了什么？**

给情绪命名

- 在重温这个困难情境时，留意心中是否产生了任何情绪。如果有情绪，看看能否命名或标注这个情绪。例如：

- 愤怒
- 悲伤
- 哀伤
- 困惑
- 恐惧
- 渴望
- 绝望

- 如果你感到了许多情绪,看看你能否说出与这个情境相关的,**最强烈**的情绪名称。
- 现在,用温柔、理解的语气,对自己重复那种情绪的名称,就好像你在确认一个朋友的感受:"那是渴望。""那是哀伤。"

觉察身体里的情绪

- 现在,扩展你的觉知,觉察你的整个身体。
- 再次回忆那个困难的情境,用觉知扫描自己的身体,寻找身体里最容易感受到这个困难情绪的部位。用你心灵的眼睛,从头到脚地扫描自己的身体,在你觉得有一些紧张和不适的地方停下来。
- 感受当下身体里"能够感受"的东西,仅此而已。
- 如果可以,**选择一个身体部位**。这个部位对感受的表达最为强烈,也许是某处肌肉的紧张、某种空虚的感受,或者头疼。
- 让自己的心灵轻轻地转向那个部位。允许自己的觉知完全地栖息在那种情绪带来的身体感觉里。

放松—安抚—允许

- 现在,让你感受到困难情绪的身体部位**放松**下来。让肌肉放松下来，让它们休息，就像沉浸在热水中一样。放松……放松……放松……记住，我们不是在试着改变那种感受，我们只不过是在用一种温柔的方式来抱持那种情绪。

- 如果你愿意，可以仅仅让那个部位的边缘放松一些。
- 现在，试着**安抚**自己，因为自己经历了这件困难的事情。
- 如果你愿意，可以把手放在感到不适的身体部位上，感受手掌温柔的触摸。想象温暖和善意正在从你的指尖流出，注入身体。甚至可以把自己的身体想象成一个挚爱的孩子的身体。
- 你想不想听到一些安慰的话语？如果想，就想象一个朋友正在经历相同的困难。你会对这位朋友说什么？（"看到你这有这些感受，我也很难过。""我非常关心你。"）你能向自己传达类似的信息吗？（"哦，有这种感觉实在是太难了。""愿我善待自己。"）
- 如果你需要，可以在你愿意的时候睁开眼睛，或者放下这项练习，只去感受自己的呼吸。
- 最后，**允许**不适感的存在。为这种不适腾出空间，放下消除这种感觉的需要。
- 允许**自己**做当下的自己，就像现在这样，哪怕只有片刻时间。
- 如果你愿意，可以再为这种情绪重复这个循环，每次重复的时候，可以更加深入。如果这种感受在你的身体里移动，或者变成另外一种情绪，也要跟住它。放松……安抚……允许；放松……安抚……允许。
- 现在，放下这项练习，关注自己的整个身体。允许自己感受当下的任何感觉，成为当下最真实的自己。

沉淀与思考

当你为情绪命名的时候，是否注意到了什么变化？当你**探索自己的身体**，感受与情绪相关的身体感觉时，你观察到了什么？当你**放松**身体的某个部位，**安抚**自己，**允许**那种感受存在的时候，是否发生了什么？在练习中，情绪是否发生了改变，或者情绪在身体里呈现的部位是否发生了些许变化？你在练习中有没有遇到什么困难？

有些人很难在身体里找到与情绪对应的身体部位。其中的一个原因是，有些人的确比其他人更能觉察身体的感受（这是一种叫作"内感受"的技能）。另一个可能的原因是，当我们的情绪过于强烈时，我们可能会麻木。不管怎样，你都可以关注体内的任何感受，可能体内有种一般性的不适感，或者甚至有些麻木，你都可以带着关爱的觉知去感受它们。

有时，最初出现的情绪会转变为其他情绪，或者改变呈现的部位。比如，最初在眼睛后面的恐惧和紧张感可能变成位于腹腔里的哀伤。当我们能够发现、感受情绪，并且允许自己带着关怀体验我们的感受时，往往能发现更深层面的情绪。

如果你在做本书中的练习时感到不堪重负，就暂时放下那项练习，等你再次感到安全和舒适之后再说。治愈需要时间，我们必须尊重自己的局限性。慢慢走，才能走得更长远。

第 17 章

自我关怀与羞愧感

羞愧感源于想要被爱的纯真渴望——希望自己值得被爱、有所归属。我们生来都有被爱的愿望。当我们还是婴儿的时候,如果我们能够得到爱,就会得到我们所需的一切——食物、衣服、住所,以及联结。[84] 作为成年人,我们仍然需要彼此相伴才能生存下去——只有如此我们才能养育儿女,保护自己免遭危险。羞愧是一种觉得自己在本质上出了问题的感受,而这种问题让我们不被接纳、不受喜爱。羞愧感之所以这么强烈,其中的一个原因是它让我们觉得自己的生存受到了威胁。

羞愧感中蕴含着三种奇怪的悖论:

- 羞愧感让我们觉得自己应该受到责备,但它其实是一种单纯而无辜的情绪。
- 羞愧感让我们觉得孤独、格格不入,但它其实是一种普遍的情绪。
- 羞愧感好像是永久不变的,包含了我们的方方面面,但它其实是一种短暂的情绪状态,只在一定程度上反映了我们的本质。

阿伦是一家医疗保险公司的高管，但只要他在同事面前讲话，就会因为羞愧感而说不出话来。不论阿伦对于那个话题的准备有多充分，有多了解那个主题，他都会口齿不清、笨嘴笨舌，并且确信其他人会认为他是个冒牌货，发现他不应该待在这么有权力的位置上。阿伦迫切地希望他人能把自己看作一个好领导，不断地与内心的无能感做斗争。再加上英语并非他的母语，事情就更困难了。经历几次这样的"羞愧感发作"（这是他称呼这种情绪的方式）之后，阿伦常常会锁上门，躲在办公室里。

内疚与羞愧感之间有一些不同之处。内疚是指因为某种行为而感觉糟糕，而羞愧感是对自我的感觉很糟糕[85]。内疚是指"我**做了**某件糟糕的事情"，羞愧感是指"我**是**个糟糕的人"。内疚其实可以是一种建设性的情绪，因为它能促使我们在需要的时候做出弥补。然而，羞愧感往往是没有建设性的，因为它会使我们寸步难行，无法采取有效的行动。研究表明，自我关怀能让我们感受悲伤、后悔和内疚的情绪，而不受到羞愧感的困扰。[86]

内疚与行为有关，羞愧感与我们自己有关。

负面核心信念

当生活面临困境时，我们脑海里常常会出现一些具体的、反复出现的想法——挥之不去的自我怀疑，这些想法往往来自童年。在我们最脆弱的时刻，这些想法似乎特别明显，又特别正确。这些想法是我们的负面核心信念，它们的根源就是羞愧感。[87] 例如：

- "我是有缺陷的。"
- "我不值得被爱。"

- "我无能为力。"
- "我很无能。"
- "我是个失败者。"

事实上，人们对于自身的负面核心信念的数量是有限的，可能只有 15～20 种。由于世界上有 70 多亿人，所以我们可以得出结论，不论我们认为自己有什么与众不同的缺陷，可能在事实上差不多都有 5 亿多人与我们同病相怜！

正是由于沉默，羞愧感才会大行其道。负面的核心信念之所以那么顽固，是因为我们向他人（也向自己）隐瞒了它们的存在。我们担心一旦别人了解了我们的这一面，就会排斥我们。我们忘记了他人也会有相同的感受，也会觉得自己既不正常，又格格不入。当我们坦言自己的负面核心信念时（哪怕是对自己坦白），这些信念就会失去控制我们的力量。

隐瞒让羞愧感得以延续。

我们既有优点，也有缺点。我们不能简单地把自己归结为有价值或无价值，可爱或不可爱。作为人类，我们拥有许许多多的层面，远比这复杂。自我关怀能用温暖、开放的觉知拥抱我们的全部。如果我们相信自己有着某种致命的缺陷，认为我们一向如此、将来也会如此，那么我们的意识其实已经陷入了自己的某个方面，看不到其余的自我。我们需要拥抱这个不完美的部分，以及随之而来的负面核心信念，看到完整的自我，让自己获得自由。

与自己的"羞愧感发作"斗争多年以后，阿伦终于受够了。他不打算让无能感毁掉自己的成功。他知道自己的羞愧感源于小时候，父亲总是偏爱自己的哥哥德夫，总是表扬哥哥的成绩，却同时指出阿伦需要改进的各个方面。于是，阿伦开始与自己的儿童自我建立了一种新的关系。这个儿童自我是他觉得自己永远不够好的那个部分。每当羞愧感或无能感出现的时候，阿伦就会想象自己用胳膊搂着小阿伦，对他说一些善意、鼓励的话语。"你能做得很好，而且如果你犯错了，那也没关系。不论发生什么，我都会接纳你，在这儿陪着你。"阿伦也在家里的桌子上放了一张自己在那个年纪的照片，并且用他希望父亲对自己讲话的口吻对照片讲话。

经过几个月的练习后，阿伦在公司会议上的发言变得更加自信了。他的羞愧感并没有完全消失，但他不会再因为羞愧而不知所措了。事实上，阿伦学会了与自己的那个部分做朋友。阿伦是一个知识渊博、经验丰富的成年人。阿伦身上的这个更有智慧、更成熟的部分非常清楚应该如何为小阿伦提供他所需要的支持。

自我关怀是应对羞愧感最有效的解药。通过善意地对待我们的错误，不横加批判，通过记住我们的共通人性，不因为犯错而感到孤独，通过静观我们的负面情绪（我感觉很糟糕），不去认同负面情绪（我是个糟糕的人），自我关怀能直接瓦解羞愧感所筑的堡垒。通过充满爱意和联结的临在状态，抱持我们全部的体验（包括羞愧感），我们会变得再度完整。

 练习　处理我们的负面核心信念

关于自己的负面核心信念不过如此——仅仅是信念，而非事实。它们是深陷于头脑中的想法，往往在童年时期就已经出现了，而且，它们通常与事实相去甚远。但是，如果这些想法深埋在无意识中，就会对我们产生举足轻重的影响。重要的第一步是发现并留意这些想法。当我们把这些信念放在阳光下审视时，它们的力量就会开始消散。这就像揭开奥兹国巫师[○]的神秘面纱一样，桃乐茜发现巫师并不是他自称的那个强大的统治者，而是一个来自堪萨斯的骗子。

即便如此，应对负面核心信念依然很有挑战性，对于那些经历过童年创伤的人来说尤其如此。请问问自己，现在自己是否处在恰当的精神和情绪状态下，是否能够做这项练习——也许更符合自我关怀原则的做法是暂时放弃。如果你现在正在接受心理治疗，也许在治疗师的指导下做这项练习，从专业人士那里获得支持是更明智的做法。

练习指导

表 17-1 是一系列常见的负面核心信念。看看有没有你偶尔会有，并且认同的信念，这些信念是否会在某个特殊的场合出现（工作中、恋爱中、与家人相处时，等等）。

表 17-1　常见的负面核心信念

我不够好	我有缺陷	我是个失败者
我很愚蠢	我很无助	我很无能
我是个骗子	我很糟糕	我不值得被爱
没人欢迎我	我毫无价值	我不重要
我不正常	我很软弱	我没有力量

接下来，看看你能否把自我关怀的三个部分加入这些负面的核心信念里。

- **静观当下：** 在抱持这些负面信念的时候，你有哪些感受？请用客

○ 出自《绿野仙踪》(*The Wizard of Oz*)。——译者注

观的语气把这些感受写下来,承认这些信念的存在。例如"当我想到自己不值得被爱的时候,实在是太痛苦了",或者"感到自己没有力量,实在是太难了"。

- **共通人性:** 写下自己的体验怎样构成了共通人性的一部分。例如"可能有几百万人都有与我相似的感觉"或"不止一个人有像我这样的感受"。

- **善待自我:** 现在,为自己写下一些理解和善意的话语,为自己因为这种负面核心信念所承受的痛苦表达关心。你可以试着给自己写信,就像在对一位刚刚向你坦言了这种想法的朋友讲话一样。比如"你有这些感觉,我真的很难过。我知道这对你来说有多痛苦。你要相信,我绝不认为你是这样的人。"

沉淀与思考

这项练习给你带来了哪些感想？你能否发现自己的一两个负面核心信念？为这种信念带来的感受注入静观当下、共通人性和善待自我之后，你产生了什么感觉？

有时人们发现，当他们试图用关怀来抱持自己的负面核心信念时，这些信念反而会变得更加强烈。这可能是因为发生了回燃现象（见第8章）——当爱意涌入时，旧日的伤痛再度浮现了。还有一种常见的现象，那就是认同这种负面核心信念的自我部分会感到害怕，就好像我们要消灭这个部分一样。请记住，我们不是要消灭或丢掉负面核心信念，这也是很重要的。相反，我们只是在试着用更清醒、更关爱自己的方式来理解这些信念，这样它们就不会对我们拥有那么大的控制力了。

 非正式练习　处理羞愧感

这项练习与"处理困难情绪"（第16章）类似。我们可以给羞愧感的认知成分（负面核心信念）"贴上标签"，并且找出羞愧感处在身体的哪个部位，然后对自己的感受表示关怀。在处理羞愧感的时候，特别重要的一点是，要记住羞愧感源自被爱的渴望，它几乎是全人类共有的，而且它是一种情绪。因此，羞愧感是暂时的。下面的练习会将这些元素交织在一起。

请再次确认现在适不适合做这项练习。如果你决定做这项练习，只要你感到不适，就请照顾好自己的感受；如果需要，可以停止练习。比如，你可以洗个热水澡，摸摸你的狗，或者散散步，做脚底静观练习（见第8章）。

在下面的练习里，我们会鼓励你更多地关注尴尬，而非羞愧感。我们在培养资源，要循序渐进。

- 找一个舒服的姿势，坐着或躺着都可以，闭上眼睛，既可以完全闭上，也可以眯眼微张，做几次深呼吸，放松下来。如果你愿意，也可以轻轻地叹一口气——"啊……"
- 把一只手放在自己的心上，或者放在其他能够安抚你的地方，提醒自己现在正待在房间里，你也可以让一些善意从指尖流向身体。
- 现在让自己想起一件**让你觉得尴尬或有些羞愧的事情**。比如：
  - 你可能对某事反应过度。
  - 你可能说了一些傻话。
  - 你可能把一项工作任务搞砸了。
  - 你可能发现自己在某个重要的社交场合没有拉好裤子的拉链。
- 选择一件让你足够困扰的事情，这件事要能够引起你的身体感觉。如果这件事不能让你感到不适，那就换一件事，确保其严重程度在 1~10 分的评分等级里的 3 分左右。
- 这应该是一件**你不想让大家听说或记住的事情**，因为这件事可能会有损别人对你的看法。
- 现在，选择一个让你觉得自己有些糟糕的事情，但不要选那种伤害他人且试图寻求他人原谅的事情。
- 慢慢地回忆那件事，回忆那件事的细节。这需要一些勇气。运用你所有的感官，尤其要留心羞愧感或尴尬在体内的感觉。

为核心信念"贴标签"

- 现在，反思片刻，看看你能否发现究竟**你害怕别人发现什么秘密**。你能说清楚吗？可能是"我有缺陷""我不善良""我是个骗子"。这些是负面核心信念。

- 如果你发现了其中的几个信念，选择一个分量最重的。
- 在做到这一步的时候，你可能已经觉得自己与世隔绝了。如果你有这种感受，请记住："并不是一个人感到孤独。"每个人都会在某个时刻与你有相同的感受。羞愧感是一种普遍的情绪。
- 现在对自己说出这种核心信念，使用你可能会对朋友说话的语气。比如，"哦，你现在觉得自己不值得被爱。这肯定很痛苦！"或者用温暖、关怀的语气说："不值得被爱。我觉得我不值得被爱！"
- 记住，当我们感到尴尬或羞愧时，其实只有我们的**一部分**才有这种感受。我们不会一直都有这种感觉，尽管这种感受可能来自很久以前、很熟悉。
- 我们的负面核心信念源于**被爱的渴望**。我们都是纯真无邪的生命，我们都渴望被爱。
- 再次提醒，如果你感到不舒服，你可以在练习中随时睁开眼睛，或者以任何其他方式中断练习。

静观体内的羞愧感

- 现在，扩展自己的觉知，觉察自己的整个身体。
- 再次回忆那个困难的情境，扫描自己的身体，看看哪里最能感受到尴尬或羞愧。用心灵的眼睛从头到脚观察自己的身体，停留在你感到有些紧张或不适的部位。
- 现在**选择你身体里的一个部分**，羞愧或尴尬的情绪在这个部分的表达最为强烈，也许是某处肌肉的紧张、空虚，或者是头疼。你不需要想得太具体。
- 再次提醒，请在做这项练习的时候照顾好自己的感受。

放松—安抚—允许

- 现在,让自己的心灵轻轻地转向这个身体部位。
- **放松**这个部位。让肌肉放松、休息,就像浸泡在热水里一样。放松……放松……放松……记住,我们不是在试图改变那种感受,我们只是在用温柔的方式抱持它。如果你愿意,可以仅仅让这个部位的边缘放松一些。
- 现在,因为自己经历了这个困难而安抚自己。如果你愿意,可以把手放在感到尴尬与羞愧的身体部位上,感受手掌温暖而柔和的触摸,承认身体的这个部位为了忍受这种情绪,已经非常辛苦了。如果你愿意,可以想象温暖和善意正在从手掌流向身体。你甚至也可以把自己的身体想象成一个挚爱的孩子的身体。
- 你是否需要听到一些安慰的话语?如果是,想象自己有一个朋友,他遇到了相同的困境。你会对这个朋友说出哪些心里话?("你有这种感觉,我非常难过。""我非常关心你。")你想让朋友知道什么,记住什么?
- 现在试着向自己传达相同的信息。("唉,忍受这种感觉,实在是太难了。""愿我善待自己。")让这些话语进入心里,不论你能听进去多少。
- 再次提醒,不要忘记,当我们感到尴尬或羞愧的时候,其实只有我们的一部分才有这种感觉。我们不会一直都这样难过。
- 最后,**允许**不适感的存在,不论身体有什么感觉,都允许它存在,允许自己的心去自由地感受。为所有的感受腾出空间,放下消除某种感觉的需要。
- 如果你愿意,可以重复这个循环,每次重复的时候要更加深入。放松……安抚……允许;放松……安抚……允许。
- 在结束练习之前,请记住,你现在与世界上每个曾经体验过尴尬或羞愧感的人都产生了联结，而这种感受来自被爱的渴望。
- 现在，放下练习，关注自己的整个身体。不论自己有什么感受，都允许自己去感受它，做当下真实的自己就好。

沉淀与思考

你能否发现尴尬或羞愧感背后的负面核心信念？说出这种核心信念给你带来了什么感受？

你能否在身体里发现羞愧感？如果能，在哪里？

放松、安抚或允许的方法是否让羞愧感产生了一些变化？

要处理羞愧感并不简单。要做到你刚才做的事情，可能需要一些勇气，但如果你出于对自己的关爱，没有做完练习，也要感谢自己。

在做这项练习的时候，你可能会遇到许多不同的障碍。比如，要感受身体里的羞愧感可能很难。羞愧感可能是走神的先兆，有时羞愧感会表现为身体里的空虚感，尤其是头脑里的空虚感。其实你可以关注那种虚无的感觉，尽管这样做很难。在感到羞愧的时候，人们也会觉得很难给予自己关怀，因为他们觉得自己不配。而且，我们的老朋友回燃很可能会在这项练习中出现（见第8章）。如果出于某种原因，这项练习对你来说很难，那就转换自己的关注点，为自己的困境送去温柔的欣赏即可。这也是自我关怀。

The Mindful
Self-Compassion
Workbook

第 18 章

人际关系中的自我关怀

我们的许多痛苦都源于人际关系，正如萨特（Sartre）的名言："他人即地狱。"[88] 幸运的是，我们在人际关系中的许多痛苦都是不必要的，只要我们与自己建立起充满关爱的关系，就能避免那些痛苦。

人际关系中有两种痛苦。一种是**联结**的痛苦——看到我们关心的人正在受苦（见第 19 章）。另一种是**失去联结**的痛苦——我们经历丧失，遭受排斥并感到受伤、愤怒或孤独（见第 20 章）。

我们具有情感共鸣的能力，这就意味着情绪是可以传染的。[89] 在亲密关系中尤为如此。比如，如果你生伴侣的气，却试图隐瞒，伴侣通常会注意到你的情绪。他可能会说："你在生我的气吗？"即使你矢口否认，伴侣也会感觉到你的不满。这会影响他的情绪，进而导致他也用不满的口吻跟你讲话。反过来，你会感觉到他的情绪，变得更加生气，你的回应会变得更不客气，因此陷入恶性循环。这是因为，不论我们有多注意自己的用语，我们的大脑都会在彼此间进行情绪交流。

第 18 章 人际关系中的自我关怀

在社会互动中，可能会出现一种消极情绪的**恶性循环**——当一个人持有消极的态度时，另一个人的态度可能会变得更加消极，依此循环下去。[90] 这就说明他人在一定程度上对我们的心态负有责任，而我们也在一定程度上对他们的心态负有责任。好消息是，情绪感染赋予了我们意想不到的力量，让我们可以改变人际关系的情绪基调。自我关怀可以打破那种恶性循环，开启一种良性的循环。

> 只要我们能够自我关怀，消极情绪的恶性循环就是一种可以被良性循环替换的互动方式。

关怀其实是一种积极的情绪[91]，即便在痛苦的时候，关怀也能够激活大脑的奖赏中心。因此，改变负面人际互动的有效方法，就是为我们此刻感受到的痛苦表达关怀。我们对自我的积极关怀，也能够被他人感受到（我们的关怀会体现在我们的语气和微妙的面部表情里），从而有助于中断恶性循环。因此，培养自我关怀的能力，是我们能为自己的人际互动以及为我们自身所做的最好的事情之一。

不出意外，研究表明自我关怀的人拥有更幸福、更满意的恋爱关系。[92] 比如，一项研究发现，在伴侣的描述中，自我关怀水平更高的人比那些缺乏自我关怀的人更具接纳的精神，也更少表达评判。他们不会试图改变自己的伴侣，而是倾向于尊重对方的观点，从对方的立场考虑问题。伴侣们也认为自我关怀的人比那些缺乏自我关怀的人更体贴、更好沟通、更深情，拥有更亲密的关系，并且更愿意通过谈话来解决关系中的问题。与此同时，伴侣们也认为自我关怀的人更愿意在关系中给予对方自由与自主的权利。他们更愿意鼓励伴侣做出自己的决定，追求自己的兴趣。相反，缺乏自我关怀的人往往更喜欢批评和控制自己的伴侣。他们也更加以自我为中心，想要所有事情都按照自己的想法发展，不知变通。

史蒂夫和希拉在大学中相识，在结婚15年后，史蒂夫依然深爱着希拉。虽然史蒂夫不愿承认，希拉常常把他气得半死。希拉非常缺乏安全感，需要史蒂夫不断地向她保证自己是爱她的。15年不离不弃还不够吗？如果史蒂夫不能每天对她说"我爱你"，她就会开始担心；如果一连几天都是如此，她就会生气。史蒂夫觉得自己被希拉对于保证的需求控制了，并且对于希拉不能满足他说实话的需要而心怀怨恨。他们的关系出现了危机。

要想与他人拥有那种梦寐以求的、亲密的、相互联结的关系，我们首先需要感到与自己的亲密和联结。通过在困境中支持自己，我们能够获得照顾重要的人所需的情绪资源。当我们满足了自己对爱与接纳的需求时，我们就能减少对伴侣的要求，允许他们更加充分地做自己。培养自我关怀能力与自私截然不同。自我关怀能给予我们在生活中建立并维持快乐、健康的人际关系所需的心理弹性。

与他人的亲密联结始于与自我的联结。

渐渐地，希拉能够看到，由于自己不断地需要史蒂夫给自己保证，他们的关系在日渐疏远。她发现自己变成了一个黑洞，史蒂夫却永远无法给她"足够的"爱，无法完全满足她的不安全感。自己永远都不会感到满足。所以，希拉开始在每天晚上写日记，试着给予自己渴求的爱与关怀。她会为自己写下那些她希望史蒂夫对她讲的话，比如"亲爱的，我爱你。我永远不会离开你"。然后，在每天早上起床后，她所做的第一件事就是读一读昨晚写的文字，让那些文字进入心里。她开始给予自己那些她迫切希望史蒂夫给出的保证，不再强迫史蒂夫。她不得不承认,这种感觉并不是很好,但她喜欢那种不过度依赖史蒂夫的感觉。随着压力渐渐减小,史蒂夫也开始在关系中能够自由地表达自己,而他们的关系也变得更加亲密了。学会自我接纳之后,希拉感到越安全,就越能接纳史蒂夫给予自己的爱,而不是强求自己想要的爱。出乎意料的是,通过满足自己的需要,希拉变得不那么关注自我了,反而开始感到一种全新的、美妙的独立感。

 非正式练习　人际冲突中的即时自我关怀

- 下次你与某人产生消极的互动时,试试"即时自我关怀"(第4章)。你可以暂时中止沟通,但如果你不能离开冲突现场,可以默默地练习"即时自我关怀":"这是个痛苦的时刻。""任何人际关系中都有痛苦。""愿我善待自己。"给自己一些支持性的触摸也是有帮助的。如果你独自一人,可以把手放在心上或别处,但如果你和其他人在一起,你可以尝试一些更低调的触摸方式,比如握着自己的手。
- 在尝试与对方继续沟通前,你可以试着练习"给予和接受关怀"(第15章),帮助自己保持关怀的态度。在吸气时关怀自己,承认此时此刻感受到的痛苦,然后在呼气时关怀对方。请确保你在尊重对方经历的困苦时,也要充分地看到自己的痛苦,并满足自己的需要。
- 注意当你的心态发生改变时,对方的心态产生了哪些变化。

> **沉淀与思考**
>
> 　　在人际互动中尝试过几次"即时自我关怀"之后,你有没有发现这种方法对你们的互动产生了影响?
>
> 　　如果关系中的对方了解自我关怀的概念,并且也在认真地练习,那么这种方法就会尤其有效。在这种情况下,如果互动的冲突开始升级,只要你们中的一个人记得喊出"即时自我关怀",你们俩就能暂停冲突,因为痛苦而关怀自己,然后再度开始沟通。

 练习　满足我们的情感需求

　　如果我们期待伴侣奇迹般地凭直觉知道我们的想法,并满足我们所有的情感需求,那么往往会给关系增添压力。比如,假如伴侣没能意识到你在做一件事的时候需要鼓励和拥抱,但在做另一件事时,你却需要独处的空间和时间,如果你因此而怨恨伴侣,那么对方就承受了凡人所不能达到的期望。由于你的需求没有得到满足,所以你也会感到痛苦。你可以试着直接满足自己的需求,而不是完全依赖伴侣来给你所需要的一切。当然,我们无法满足自己所有的需求,仍然需要依靠他人,但我们并不是像我们想象的那样完全依赖对方。

- 拿出一张纸,写下你在关系中感到的任何不满。比如,也许你从伴侣那里得到的关注、尊重、支持或认可不够。与其关注细节(例如,对方给我发的短信不够多),看看你能否发现没有被满足的特定需要——被重视、被关心的需要,等等。

- 写下一些你准备尝试的、满足自己需要的方法。比如，如果你想得到关心，你能给自己买一束花吗？如果你需要得到更多的触摸，你能每周去做一次按摩，或者握着自己的手吗？你能不能对自己说一些话，让你知道自己得到了爱与支持？起初这些方法看上去可能有点傻，但如果我们养成了满足自己需求的习惯，我们就不会过于依赖伴侣来满足我们的情感需求了，而我们也拥有了更多可以给予他人的资源。

沉淀与思考

许多人在发现自己能在一定程度上满足自己的情感需求，而不需要完全依赖别人时，会有种恍然大悟的感觉。然而，也有些人会感到难过、哀伤或愤怒，因为他们对伴侣不满意。记住，满足自己的需求并不意味着伴侣不应该满足你的需求，当你已经表达得很明白的时候，尤其如此。健康的关系意味着双方都要付出并接受对方的付出。但是，这种相互的付出往往更容易在两个情感需求得到满足的人之间出现，他们都给予了自己善意、支持与关爱。

 冥想　心怀关爱的友人

这是一个形象化的冥想，能够为你那个心怀关爱的自我找到一副自画像，并且让你与这个形象进行沟通，帮你与这部分建立联结。与充满关爱的自我增强联系，能为你带来重要的资源，进而改善你与其他人的关系。这个冥想练习是由保罗·吉尔伯特开创的方法改编而来的[93]，对那些难以学会自我关怀的人来说尤其有效。

有些人很擅长视觉想象，而有些人则不太擅长。在练习时请放松一些，允许冥想过程自然地发展，让图像在脑中自由来去。如果脑中没有出现任何图像，那也没关系，你可以只与自己当下的感受待在一起。（这个冥想的指导语请参阅附录B"音频文件清单"。）

- 找个舒服的姿势，坐着或躺着都可以。轻轻地闭上你的眼睛。做几次深呼吸，把注意力集中在自己的身体上。你可以把一只手或两只手放在心上，或者放在其他能够安抚你的地方，提醒自己要给予自己**爱的关注**。

安全的地方

- 想象自己正处在一个安全又舒适的地方——可能是一间温暖舒适的房间，房间里炉火正旺；可能是一片宁静的沙滩，有着温暖的阳光、凉爽的海风；或者是一片林间空地。你也可以想象一个充满奇幻色彩的地方，比如漂浮的白云间……只要你能感到平静和安全就好。让自己与那里的舒适感待在一起，好好享受。

心怀关爱的友人

- 很快，你会迎来一位客人，她为人温和、充满关爱——她是一位心怀关爱的友人，她是你想象出来的形象，代表了智慧、力量和无条件的爱。
- 这个人可以是一个精神导师，或者是一个充满智慧与关爱的老师。她可能具备一些你过去认识的人的一些品质，比如慈爱的祖父母，她也可能完全来自你的想象。这个人可能没有特定的形态，也许只是一个无形的存在，或者是一道明亮的光芒。
- 这位心怀关爱的友人深深地关心着你，希望你能幸福快乐，免受不必要的痛苦。
- 允许这个形象出现在脑海里。

到来

- 你可以选择离开你的安全区，去见见这位心怀关爱的友人，或邀请她进来。如果你愿意，现在请把握住这个机会。
- 让自己以恰当的方式与这位友人相处——只要你感觉舒服即可。然后允许自己感受她的陪伴给你带来的任何感觉。除了觉察当下以外，你不需要做任何事。
- 看看你能否允许自己充分地接受这位朋友给你的无条件的爱与关怀，能否让自己沉浸其中。如果你无法让这些爱与关怀完全进入心里，那也没关系，这位朋友对你感同身受。

相见

- 这位心怀关爱的朋友富有智慧、无所不知，对你当下的人生状况非常了解。她想对你说一些话，这些话**正是你现在需要听的**。花些时间仔细聆听朋友要说的话。
  如果她什么也没说，那也没关系——只要感受朋友的陪伴即可。陪伴本身就是幸福的。
- 也许你想对这位心怀关爱的友人说几句话。她会认真倾听你说的每一句话，完全理解你表达的意思。你有没有想要分享的话语？
- 这位朋友可能也会送你一份礼物——一件实物。这件礼物会奇迹般地出现在你手中，或者，你可以伸出手来接过礼物。这件礼物对你有着特殊的意义。

如果这件事真的发生了，你会收到什么礼物？

- 现在，再花一些时间来享受朋友的陪伴。在你享受的时候，允许自己意识到这位朋友其实是你自己的一部分。你感受到的所有这些充满关爱的感觉、图像和话语，都源自你内在的智慧和关怀。

返回

- 最后，当你准备好时，允许脑海中的画面逐渐消失，记住关怀与智慧永远在你体内，尤其是在你最需要它们的时候，它们就会出现。你可以在任意时刻召唤自己心怀关爱的友人。
- 现在，让注意力回到自己的身体上，让自己尽情回味刚刚发生的一切，你可以回想刚刚听到的话语或收到的礼物。
- 然后，结束冥想。不论自己现在有什么感觉，都允许自己去感受，允许自己做当下真实的自己。
- 轻轻地睁开你的眼睛。

沉淀与思考

你能否在脑海中看到一个安全的地方，感受那里的舒适？是否有一个心怀关爱的友人或形象出现在你的脑海里？

你是否听到这位朋友说了一些有意义的话，满足了你当下的需求？和这位朋友讲话有何感受？你是否收到了具有特殊意义的礼物？

这项练习对你来说有挑战吗？这位心怀关爱的朋友其实是自己的一部分，而她的关怀和智慧一直都能为你所用，发现这点以后，你有何感想？

对于擅长视觉的人来说，这个冥想具有强大的力量，作为一种倾听内心关怀的声音和应对日常实际困扰的方法，这个冥想尤其有效。

有时你心中的朋友是一位已经故去的人，比如父母或祖父母，可能会让你产生哀伤的情绪。如果哀伤让你无法感受对方的关怀，那么你可以转而想象一个完全虚构、代表相同品质的形象，或者想象一个不那么清晰、明确的形象，这样也许是有帮助的。然而，如果哀伤太过强烈，让你无法忍受，那么你也能借此发现这位挚爱的人虽已去世，但他以内在智慧和关怀的形象永远活在我们心中，也许这样能为你带来极大的收获。

The Mindful
Self-Compassion
Workbook

第 19 章

照料者的自我关怀

大多数人到中年时，都会成为某种形式的照料者。有些人的职业就是照料者——医生、护士、心理治疗师、社工、教师；还有一些人会在个人生活中照料孩子、年老的父母、伴侣、朋友，等等。

当我们照顾那些承受痛苦的人时，同感共鸣会让我们对他人的痛苦感同身受（见第 15 章）。当我们目睹他人的痛苦时，我们大脑的疼痛中心也会被激活。[94] 共情的痛苦可能会难以承受，所以我们会很自然地试图将那种痛苦屏蔽在意识之外，或试图让痛苦消失，就像我们对待任何痛苦一样，但是不断的挣扎可能会让人筋疲力尽，让照料者出现疲劳或倦怠的现象。

我们怎样才能知道自己达到了倦怠的临界点呢？通常会有一些迹象，例如心不在焉、生气或愤怒、焦躁不安、回避他人、睡眠困难、情绪低落或产生侵入性思维⊖。[95] 照料者的疲劳不是一种脆弱的表现，而是关心的表现。事实上，照料者同感共鸣的能力越强（这往往正是吸引人们进入助人

⊖ 即反复闯入意识里的消极想法。——译者注

行业的原因），他们越可能出现照料者的疲劳。[96] 人类能够承受的替代性痛苦是有限的，一旦超过极限，人们就会不堪重负。

要预防照料者倦怠，一般有两种建议。其一是在我们自身和照料的对象之间划清明确的情感**界限**。这种做法的问题是，如果你的职业就是照料者，那么你需要保持情绪的敏感才能做好工作；如果你在照顾一位你爱的人，比如孩子或父母，划清界限的做法可能会伤害你们之间的关系。

另一类预防倦怠的建议是参加**自我照料**的活动。这些行为通常包括运动、均衡饮食、与朋友相处，或者去旅行。尽管自我照料非常重要，但自我照料策略在应对照料者倦怠时依然有着很大的局限性。自我照料往往只有在**下班**后才能进行，无法在进行照料互动时帮助我们。比如，我们不能在心理治疗的来访者刚刚说出一件令人震惊的事情后对他说："哇，哥们儿，你可把我吓坏了。我觉得我得先去做个按摩！"

> 自我照料对于照料者倦怠的作用有限，因为它不能在我们关爱他人时帮助我们。

在这种情况下，关怀能起什么作用呢？许多人觉得正是关怀让照料者筋疲力尽。这也是为什么这种现象通常被叫作"关怀疲劳"。但是，有些研究者认为这是一种误称，而关怀疲劳其实是"共情疲劳"。[97]

共情与关怀之间有什么区别？卡尔·罗杰斯（Carl Rogers）将**共情**定义为："准确地理解对方的（来访者的）世界，就像你从他体内观察世界一样。就像洞察自己的内心世界一样感知来访者的世界。"[98] 如果我们仅仅与他人的痛苦产生共鸣，而缺乏抱持痛苦的情绪资源，我们就会筋疲力尽。关怀需要一种温柔和关心的感觉，需要我们拥抱他人的痛苦，而不是陷入痛苦的挣扎里。共情是在说"我与你感同身受"，而关怀是在说"我**抱持**着你"。关怀是一种积极的情绪，是一种具有激励作用的情绪。有一项研究为参与者做了为期数天的培训，训练他们感受共情或关怀，然后给他们看一部描绘他人痛苦的影片。[99] 影片在参与者身上激活了完全不同的大脑网络，只有接受关怀训练的参与者激活了与积极情绪有关的大脑网络。

共情是在说"我与你感同身受"，而关怀是在说
"我抱持着你"，并且关怀能够产生积极情绪。

在感受到共情的痛苦时，除了要关怀那些我们照料的人以外，我们还**要给予自己关怀**，这是至关重要的。每当我们坐飞机的时候，空乘人员都会告诉我们，一旦客舱气压下降，我们需要先戴上自己的氧气面罩，然后才能去帮助他人。有些照料者可能以为自己应该只关心他人的需求，并且经常自我批评，因为他们觉得自己的付出不够。然而，如果你不能通过自我关怀来满足自己的情感需要，那么你就会感到耗竭，付出的能力也会因此削弱。

重要的是，当你安抚自己并且让心灵平静下来时，你照料的人也会通过同感共鸣而感到平静、得到安抚。换句话说，如果我们能培养内在平和的心态，那么我们就能帮助那些与我们接触的人也变得更加平和。

我们（本书的两位作者）都从亲身经历中学到了照料者的自我关怀有多重要。自我关怀帮助我们在照料者的角色里做得更好而不倦怠——我们其中一人是自闭症患儿的母亲（克里斯汀），另一人是心理治疗师（克里斯托弗）。

克里斯汀：有一次，我与儿子罗恩乘飞机横跨大西洋。正当空乘人员调暗客舱的灯光，乘客们打算睡觉时，不知为什么，罗恩突然情绪失控了。他放声尖叫，大发脾气。当时他大概是五岁。我依稀记得，当时好像客舱里的所有人都在看着我们：那孩子怎么了？他年纪已经不小了，不该再有这种行为了。他妈妈怎么回事？她为什么不管管孩子？我不知道该做什么，我觉得我应该把罗恩带到厕所里，让他在那儿尖叫，希望这样能盖住他的

哭声。但很不走运，厕所里有人。

所以我和罗恩一起坐在厕所门外的小隔间里，我知道除了关怀自己以外，我别无选择。我在吸气时给予自己关怀，把手放在我的心上，默默地给自己支持。"亲爱的，这对你来说太难了。这件事发生在你身上，我感到很难过。事情会好起来的，事情会过去的。"我先确保罗恩是安全的，然后把95%的注意力放在安抚和安慰自己上。然后我发现了一个现象，我经常在罗恩身上发现这种现象——当我冷静下来的时候，罗恩也冷静下来了。我也曾发现，当我忘记做自我关怀练习、变得焦躁易怒的时候，罗恩也会焦躁易怒，但只要我因为当下的痛苦而给予自己关怀时，罗恩会变得更加平静。他与我的情绪产生了共鸣，正如我与他的情绪产生共鸣一样。除此以外，在照顾自己不堪重负的情绪之后，我才能够克服困难，获得无条件地陪伴、关爱、支持罗恩所需的稳定情绪。很快，我就发现，践行自我关怀（在痛苦中进入充满关爱和联结的临在状态）是我帮助自己和罗恩的最有效的方式。

克里斯托弗：我曾在时间非常紧张的情况下，答应为一位来访者做心理治疗。当来访者弗朗哥进入办公室的时候，他看上去比电话里听上去的样子抑郁得多。他肩膀缩成一团，愁眉苦脸。很快我们就开始了治疗，弗朗哥告诉我，他把自己的药在床边排成了一条直线，想到能随时结束自己的生命，他感到有些宽慰。他的妻子在前不久离开了他，他处在失业的边缘，而且就在那天早上，他收到了房东给他的搬迁通知。

当我见到弗朗哥的时候，我心中对这位新的来访者只怀有好奇和关怀。但是，他提到了自杀，我感到身体里产生了害怕的情绪，后悔答应见他。得知弗朗哥的艰难处境让我更加担忧了，我害怕他会伤害自己。

我知道，真诚的情感联结往往能让一个人在最黑暗的时刻活下来，所以我意识到，尽管我有些害怕，但我需要努力与弗朗哥保持联结。我深深地吸了一口气，给予自己关怀，提醒自己，这是身为心理学家的工作的一部分，然后我缓缓地呼气，在心中为弗朗哥送去关怀。我把这个动作重复了一遍又一遍，直到我的恐惧减弱，能够敞开心扉地倾听弗朗哥的故事。通过这样的呼吸，我提醒自己控制当下情境的能力是有限的，给自己足够的空间，在身体里感受弗朗哥的绝望。当我告诉弗朗哥他的故事对我的触动有多深时，他放松下来了，告诉了我他为了活下来、度过危机而做出了哪些勇敢的努力。当弗朗哥离开我的办公室时，我们俩的心中都有了一丝希望。

 练习　减轻照料者的压力

如果你是一位照料者，那么就要明智地选择自己参与的活动，以免让自己负担过重，这是很重要的一点。虽然你无法完全摆脱压力，但你也可以做许多能帮助自己的事。请在下面的各个生活领域，写下你目前所做的、能够帮你应对因照料他人而产生压力的事情，也写下那些为你**增添**压力的无益行为。最后，再写下你对于做出改变有何想法，以便更好地照顾作为照料者的自己。

与身体健康有关的活动（如饮食、锻炼、睡眠）

有益的：_____

无益的：_____

改变：_____

与心理健康有关的活动（如心理治疗、阅读、音乐）

有益的：_____

无益的：_____

改变：_____

与人际关系有关的活动（如家庭、团体、亲密关系）

有益的：_____

无益的：_____

改变：_____

与工作有关的活动（如每周工作时长、使用屏幕的时间、休息）

有益的：_____

无益的：_____

改变：_____

 非正式练习　平静的关怀

这项练习将"给予和授受关怀",以及如何在困境中保持镇定和心态平衡的练习结合在了一起。平静在照料他人的时候尤为重要,因为它能提醒我们对于他人痛苦的控制是有限的,让我们能清晰地看待问题,从而心存关怀。其实,这项练习可以用于人际互动中的任何困难,但对于照料者来说尤其有效。(这项练习的指导语录音详见附录 B"音频文件清单"。)

> 作为照料者,你能否同时满足自己的需要——安抚、安慰、保护,并为自己提供所需的东西?

- 找一个舒服的姿势,做几次深呼吸,把注意力放在自己的身体上,专注于此时此刻。你可以把手放在心上,或者任何能够安抚、安慰你的地方,提醒自己带着感情去觉知体验与自我。
- 让你照料的那个人出现在你的脑海里,他让你筋疲力尽或灰心丧气。你很关心这个人,而他正在忍受痛苦。在这个引入性的练习里,不要想象自己的孩子,因为这样可能会带来更为复杂的动力。在脑海中清晰地想象这个人的样子,想象照顾他的场景,感受自己身体里的挣扎。
- 现在,阅读下面的文字,让文字轻轻地在你的脑海中浮现:

> 我们在彼此的生命旅程中做伴。
> 我并非他痛苦的起因，
> 即使我希望如此，
> 也没有能力让他的痛苦完全消失。
> 这样的时刻让我难以忍受，
> 但只要我力所能及，
> 就会施以援手。

觉察身体里承受的压力，充分地、深深地吸气，将关怀吸入自己的体内，让关怀充满自己身体里的每个细胞。允许自己通过深深地呼吸、给予自己需要的关怀来得到安抚。

- 当你呼气时，为这个与你的不适感有关的人送去关怀。
- 继续通过呼吸将关怀带入和送出，允许自己的身体逐渐找到一种自然的呼吸节奏——让身体按照本能呼吸。
- "为我吸一口气，为你呼一口气。""为我吸气，为你呼气。"
- 偶尔扫描一下自己的身体内部，看看有没有不舒服的感觉。通过为自己吸入关怀、为对方呼出关怀的方式来对不适感做出回应。
- 如果你发现自己或者对方需要**更多的**关怀，就把注意力更多地放在朝向自己或对方的呼吸上。
- 让自己漂浮在关怀的海洋里。这片无边无际的海洋能将一切痛苦拥入怀中。
- 然后再次让这些文字进入心中：

> 我们在彼此的生命旅程中做伴。
> 我并非他痛苦的起因，
> 即使我希望如此，
> 也没有能力让他的痛苦完全消失。
> 这样的时刻让我难以忍受，

但只要我力所能及，

就会施以援手。

- 现在，放下这项练习，允许自己做此时此刻最真实的自己。
- 轻轻地睁开你的眼睛。

沉淀与思考

在做这项练习的时候，你注意到或感受到了什么？当你说出那些让人平静的话语时，你内心的感受是否发生了变化？你能否根据需要调整关怀进出的"流向"？

"为我吸气，为你呼气"能确保照料者记住关怀自己。再加上平静的话语，这项练习很容易地做到了既保持联结，又让情绪解脱。因为照顾的对象在忍受痛苦，许多照料者可能承担了太多的责任，对于他们来说，平静的话语是一种特别的安慰。因为我们与对方不是一体的，拥有不同的人生，所以我们助人的能力是有限的。我们只能尽己所能。但是，我们感受关怀的能力却没这么有限。关怀自己不会减少我们对他人的关怀，只会提高我们关怀的能力。

平静对于父母来说稍难一些，尤其是在孩子年龄尚小的时候，但父母会逐渐明白，即使他们的亲生儿女也与他们有着截然不同的、独特的生活与生活轨迹。在一堂静观自我关怀的课上，有一位还在为孩子哺乳的母亲说，当她在为自己吸气时，她感到恶心，好像她正在剥夺女儿的生命。然后，另一位学员打趣道："我是四个孩子的母亲，他们都已经离开家了，我会为自己吸一口气，然后……呼一口气就把他们四个人都包圆了！"

The Mindful
Self-Compassion
Workbook

第 20 章

自我关怀与人际关系中的愤怒

另一类人际关系的痛苦是**失去联结**，只要失去一段关系或关系产生裂痕，这种痛苦就会出现。愤怒是对于失去联结的常见反应。当我们觉得遭受排斥或忽视的时候就会生气，但是当失去联结不可避免的时候，如某人去世的时候，也会有愤怒情绪。这种反应可能不符合理性，但依然会出现。愤怒往往会在与失去联结有关的时刻出现，有时即便关系早已结束，这种愤怒也会持续数年。

尽管愤怒往往是一种不受待见的情绪，但它不一定是一种坏的情绪。就像所有的情绪一样，愤怒有积极的功能。[100] 比如，愤怒会告诉我们，有人侵犯了我们的界限，或者以某种方式伤害了我们。愤怒也可能是一种强有力的信号，说明有些现状需要得到改变。在面临威胁的时候，愤怒也会给我们提供保护自己所需的能量和决心，让我们得以采取行动制止侵害行为，或者结束一段有害的关系。

虽然愤怒本身不是问题，但我们与愤怒之间的关系往往是不健康的。

比如，我们可能不允许自己感受愤怒，反而会压抑自己的愤怒情绪。（对于女性来说尤其如此，她们从小就被教育要"和蔼可亲"，也就是说，不能生气。）当我们试图压抑愤怒时，就可能会导致焦虑、情绪感受力减弱或麻木。[101] 有时我们会调转愤怒的矛头，转向自己，变成自我批评，这最终会导致抑郁。[102] 如果我们陷入愤怒的反刍思维中（谁做了什么，他们应该遭到什么报应），我们就会生活在一种激愤的心态里，可能会毫无缘由地对他人生气。[103]

> 愤怒可以是一种非常健康的情绪反应，但我们与
> 愤怒的关系往往是不健康的。

纳特是一名住在芝加哥的电工。他与妻子莉拉离婚已有五年了，但他依然会在每次想起莉拉时怒不可遏。原来，莉拉和他们的一位密友有了婚外情，他们过去常与此人来往，而纳特一直被蒙在鼓里长达一年之久。当纳特发现这件事时，他火冒三丈。他竭尽全力地控制住自己，不对莉拉百般谩骂，但每当他想起这件事时，都感到难以忍受。他几乎是在刚发现时就申请了离婚，谢天谢地他们还没有孩子，所以整个过程还算相对迅速和快捷。尽管纳特已经有好几年没见过莉拉了，但他的愤怒却没有真正平息。而这次婚外情带来的创伤让纳特难以建立新的亲密关系，因为他很难再相信任何人了。

如果我们不断地让自己的情感变得坚硬起来，试图在那些惹我们生气的人面前保护自己，那么随着时间的流逝，我们会变得既**苦涩**又**心怀怨恨**。愤怒、苦涩、怨恨是"坚硬的情绪"⊖。[104] 坚硬的情绪是对改变的抵制，往往会在我们身上停留很久，远远超过了它们发挥积极作用的时间。（我们中

⊖ 这里还有"难以释怀的情绪"（hard feelings）这一双关含义。——译者注

间有多少人还在为某个可能再也不会见到的人生气？）除此以外，长期的愤怒会带来长期的压力[105]，这对身体的所有系统来说都是有害的，包括心血管系统、内分泌系统、神经系统，甚至生殖系统。俗话说："愤怒会腐蚀其流经的血管。"或者，"愤怒是我们为了杀死另一个人而饮下的毒药。"当愤怒对我们无益时，我们能做的最为关怀自己的事情，就是改变自己与愤怒的关系，特别是运用静观与自我关怀的资源。

怎么做呢？ 第一步是发现藏在愤怒这种坚硬情绪背后的**柔软情绪**。通常愤怒是在保护一些更柔弱、更敏感的情绪，例如受伤、害怕、不被爱、孤独或脆弱的感受。当我们剥开愤怒的外壳，看看里面有什么的时候，我们往往会为自己情绪的丰富与复杂而感到惊讶。我们很难直接处理那些坚硬的情绪，因为它们往往具有戒备的意味，始终聚焦于外界。但是，当我们发现柔软的情绪时，我们的注意力会转向内部，这样才能开启转变的过程。

然而，要得到真正的治愈，我们需要进一步剥开情绪的外壳，发现那些**未被满足的需求**，这些需求引发了我们那些柔软的情绪。没有得到满足的需求是普遍的人类需求[106]——对于任何人来说，对这些需求的渴望都是最核心的体验。非暴力沟通中心（The Center for Nonviolent Communication）在网站 www.cnvc.org/training/needs-inventory 中提供了一份关于人类需求的详细清单。其中包括对于安全、联结、认可、被听到、被接纳、自主和被尊重的需求，而我们生而为人最深刻的需求就是被爱。

只要我们有勇气面对并感受我们真实的情绪和需求，我们就能逐渐理解我们身上到底发生了什么。一旦我们触及了疼痛，并用自我关怀来做出回应，就会产生深刻的转变。我们可以用自我关怀来直接满足我们的需求。

正如我们在第 18 章中所说，用自我关怀来回应没有得到满足的需求，意味着我们可以开始给予自己那些渴望从别人那里获得的东西，而这种渴望可能已经持续多年了。我们可以给予自己支持、尊重、爱、认可，或者安全。当然，我们不是机器人，我们需要与他人建立关系、产生联结。但不论出于什么原因，当他人无法满足我们的需求，而我们因此受伤的时候，我们就能用关怀的怀抱来抱持那种伤痛和柔软的情绪，从伤痛中复原，并且用充满爱意和联结的临在来填满我们心中的空洞。

纳特为转化自己的愤怒付出了艰苦的努力，因为他发现愤怒让他难以继续生活。他试过发泄——捶打枕头、声嘶力竭地大叫，但毫无作用。后来，纳特报名参加了静观自我关怀的课程，因为有一位朋友向他强烈推荐了这门课，告诉他这门课能减轻他的压力。

当纳特学到通过满足自己未被满足的需求来转化愤怒的时候，他觉得有些紧张，但还是按照课程的要求做了。要触及自己的愤怒很容易，甚至发现背后的伤痛也很容易，他很容易地就在身体里找到了这些感觉。最难的是如何发现他未被满足的需求。当然，纳特觉得自己遭受了背叛，没有人爱自己，但那些似乎并不是阻碍他的东西。纳特一度在练习中陷入了困境，但那些未被满足的需要最终浮现了出来，而他的整个身体放松下来了。他的进步令人敬佩！

纳特出生于一个勤勉的蓝领家庭，他的父母在结婚30年后依然很幸福。他曾经很努力地试图在自己的婚姻中也做到最好，而且他非常重视自己结婚时的誓言。诚实和尊重是纳特的核心信念。他知道莉拉无论如何也给不了他需要的尊重（现在已经太晚了），他决定孤注一掷，试着自己来满足自己。"我尊重你。"他这样告诉自己。起初，这样做的感觉既愚蠢又空洞，似乎毫无意义。于是他暂停片刻，试着重新说出这些话，就像这些话是真的一样。他想起了自己为了获得高级电工证书、独立创业时付出的牺牲,想起了自己为了支付抵押贷款、积蓄存款而加班加点。"我尊重你。"他再次说出这句话,一遍又一遍地重复,但这句话听起来依然只是空洞的话语。然后他想到了自己是如何真诚地对待婚姻、努力地经营婚姻,即使这一切对莉拉来说并不够,但他依然没有放弃努力。慢慢地,慢慢地,纳特终于开始感到那句话进入了自己的心中。最后,他把手放在心上,用最认真的语气说道:"我尊重你。"他的眼眶开始涌出泪水,因为他真的感到了尊重。当他感到尊重时,内心对妻子的愤怒开始消融了。他也开始看见莉拉未被满足的需求了,她的需求与自己不同,她需要更多的亲密与爱意。虽然莉拉的所作所为依然是不可接受的,但纳特意识到了她的行为与自己的价值,以及作为一个人的价值是无关的。他不能依赖他人来给予自己所需的尊重——即使那个人既可靠又忠诚。这种尊重必须来自自己的内心。

 练习　满足未被满足的需求

这项练习的目标是静观往日的怨恨,并且用自我关怀去回应潜在的未被满足的需求。做这项练习是为了与旧日伤痛建立新的**关系**。过去的伤痛让你感到愤怒,无法治愈创伤或修复过去的人际关系。因此,请放下让自己感觉好起来的需求,只是去看看会发生什么。

请选择一种困难程度在轻微到中等之间的人际关系用于练习,不要选择给你带来创伤的人际关系,因为强烈的情绪可能会让你难以完成练习。此外,如果你此时的情感依然很脆弱,可以暂时跳过这个练习;或者,如果你在开始练习后感到痛苦,也可以中止练习。

- 在下方的空白处，写下依然让你感到苦涩或愤怒的人际关系，然后回忆在那段关系中发生的一件**具体的事**，这件事给你的困扰程度应该在轻微到中度之间——在 1 ～ 10 分的量表上，其苦涩的程度约为 3 分。记住，不要选择一件给你带来创伤或留下长期心理伤痛的事情。

- 你在练习中选择的应该是已经结束的关系，而不是正在发展中的关系，这一点很重要，因为此时你的愤怒**已经不再有意义了，而你也做好放下愤怒的准备了**。不用着急，请花些时间找到合适的人际关系和事件，然后再做练习。

_____

_____

_____

- 当你在做这项练习的时候，请试着在心里腾出许多空间，来容纳你可能会有的任何感受，请努力静观发生过的事情，而不要迷失在那件事情的来龙去脉里。此外，如果你在任何时刻觉得需要"封闭"或停止练习，就请按照自己的需要做吧。要照顾好你自己。

- 请将眼睛闭上一会儿，在脑海中回忆那件在关系中发生的事情。请尽可能地回忆事件的细节，找到自己的愤怒，在身体里感受愤怒。

- 要知道，你有这样的感觉是很自然的，你可以对自己说："感到愤怒是完全没有问题的——你受伤了！这是人类对于受伤的自然反应。"你也可以说："你不是孤身一人。许多人都有这样的感受。"

- 允许自己**完全承认**愤怒的感受，同时试着不要太纠结于事情的对错。
- 如果你现在最需要的就是承认自己的愤怒，那么就没必要急着进行下一步。如果这符合你的情况，你可以跳过后面的指导语。不要忘记你的愤怒是自然的，而且要因为自己承受痛苦而善待自己，你可能已经背负这种痛苦许多年了。

柔软的情绪

- 如果你觉得可以进行下一步，那么就开始剥开愤怒和怨恨（坚硬情绪）的外壳吧，看看这些情绪背后隐藏着什么。
  在这些坚硬的情绪背后，是否隐藏着某些柔软的情绪？
  - 受伤？恐惧？孤独？悲伤？哀伤？
- 如果你发现了某种柔软的情绪，试着用温柔、理解的语气，为自己说出这种情绪的名称，就像你在为一位挚友表达支持："哦，那就是悲伤。"或者"那是恐惧。"
- 和之前一样，如果你需要，可以停在这一步。现在你觉得怎么做最合适？

未被满足的需求

- 如果你准备好了，可以看看你能否放下给你带来伤痛的人或事，哪怕只是放下一会儿。你可能还会想着事情的对错。看看你能否暂时把这些想法放在一旁，问问自己……
  "我现在有哪些人类的基本需求没有得到满足，或者，当时我有哪些需求没有得到满足？"那种需求是……
  - 被看见？被听到？安全？联结？尊重？成为一个特别的人？爱？
- 你当时没得到满足的需求是什么？

- 再次试着用温柔、理解的语气说出那种需求的名称。

用关怀做出回应

- 如果你想要继续,那就把手放在身体上,试着安抚自己,给自己一些温暖和善意,不要因为出现了那些感受,就试图让它们消失。
- 那双曾经向外伸出的双手,渴望从他人那里得到关心和支持的双手,现在能够给予你所需要的关心和关怀。
- 即使你曾希望另一个人来满足你的需求,但那个人却做不到,他可能有许多原因。但我们还有另一种资源,那就是我们自己。我们可以设法更直接地满足这些需求。
  - 如果你需要被看见,可以试着说"我看见你了""我关心你"。
  - 如果你需要感受到联结,可以试着说"我就在这儿陪着你""你是有归属的"。
  - 如果你需要感到被爱,可以试着说"我爱你""你对我很重要"。

  换句话说,你现在能否给予自己长久以来渴望从他人那里得到的东西?这种渴望可能已经存在很长很长时间了。
- 看看你能否**接受**这些话语。你可能依然为他人无法满足你的需求而感到失望,但是在此时此刻,你能否满足自己至少**一部分**的需求?
- 如果你做不到这一点,能否为此对自己表达关怀——我们生而为人,但最深刻的需求却无法得到满足,你能否因为这种痛苦而关怀自己?
- 现在,放下这项练习,让自己在感受中休憩,让此时此刻就像现在这样,让自己做当下最真实的自己。

沉淀与思考

承认自己的愤怒给你带来了怎样的感受？你能在愤怒背后找到柔软的情绪吗？你是否发现了未被满足的需求？你能否因为这些需求没有得到满足，而感受到对自己的关怀？甚至，你能否直接满足这些需求？

希望你在做这项练习的时候能够根据自己的感受量力而行。与过往伤痛带来的愤怒产生联结后，有些人没有准备好剥开愤怒的外壳，所以那些柔软的情绪和未被满足的需求依然隐藏在其中。在这种情况下，最好的自我关怀可能是承认愤怒本身，并且停留在这一步。其他人也许可以发现那些藏在愤怒背后的柔软情绪和未被满足的需求，但是当他们试着直接满足自己的需求时，心中会出现一个小小的声音："可我不想满足自己的需求。我想要 XX（这个人）来满足我！"这通常说明他们还有一些受伤的情绪没有得到承认。这也可能只是想要听到道歉的自然愿望浮现了出来。但是，在你得到道歉之前，你也可以考虑一下给予自己迫切需要的东西，这种需要可能已经存在一段时间了。

 练习　有力的关怀

当愤怒被用于减轻自己或他人的痛苦，或为正义挺身而出时，我们可以将愤怒称为"有力的关怀"。有些最伟大的历史人物，如马丁·路德·金，他们用愤怒抨击不公，推动社会变革，与此同时，他们依然没有失去对世界的尊重和关怀。也就是说，关怀不会让我们变得软弱、被动，或者让我们失去明辨是非的能力。关怀帮助我们看清发生的事情，并理解人们行事的复杂原因。这能让我们采取恰当的行动，制止有害的行为，而不把人简单地分为"好人"和"坏人"。从这个角度来看，有力的关怀与反应性的愤怒不同，它能帮助我们直面不公，而不会通过指责或怨恨来把糟糕的事情变得更糟。

- 做两三次深呼吸，闭上眼睛，花一些时间平静下来，把注意力放在自己身上。你可以把手放在心上，或者使用其他形式的安抚触摸，向自己表达支持和善意。
- 试想一件令你强烈反对的特定社会事件。不要只是对此生气，想想自己会如何运用有力的关怀来思考和感受这件事。你能否用一种不妖魔化任何人的方式来描述这件事？你能否理解造成这种情况的人只是竭尽所能的普通人，并且承认这件事带来的害处，以及我们需要做出的一些改变？
- 从有力关怀的角度来看，你是否想采取某些**行动**来改变现状？

- 在你的**个人生活**中，回想一件你强烈反对的事情——这件事主要是由某个你认识的人导致的，如伴侣、孩子、朋友或同事。同样地，不要只是对此生气，想想自己会如何运用有力的关怀来思考和感受这件事。你能否用一种不妖魔化任何人的方式来描述这件事？你能否理解造成这种情况的人只是竭尽所能的普通人，并且承认这件事带来的害处，以及我们需要做出的一些改变？

- 从有力关怀的角度来看，你是否想采取某些**行动**来改变现状？

　　　　　　　　　　　　　　　　　　　　　　　　　　　　　　

　　　　　　　　　　　　　　　　　　　　　　　　　　　　　　

　　　　　　　　　　　　　　　　　　　　　　　　　　　　　　

> **沉淀与思考**
>
> 　　许多人都觉得有力关怀的理念能让他们感到解脱。有力的关怀为我们提供了采取行动、做出改变的方法，而不落入愤怒或指责的陷阱。尽管这是一种有用的理念，但愤怒依然是一种自然的反应，我们也会常常发现自己陷入过去的反应模式里。如果发生了这种现象，我们可以因为自己拥有的人性而关怀自己，找到心中那个充满爱意和联结的临在状态，然后再度尝试。

The Mindful
Self-Compassion
Workbook

第 21 章

自我关怀与宽恕

如果有人在过去伤害了我们,而我们现在依然感到愤怒和怨恨,可能这时对自己最好的关怀就是宽恕。宽恕,即放下对于某个伤害过我们的人的愤怒。但是,在放下愤怒之前,宽恕必须包含哀伤。[107] 宽恕的关键在于,如果我们不能对自己承受的伤痛敞开心扉,我们就无法宽恕他人。同样地,如果要**宽恕自己**,我们必须首先敞开心扉去面对伤害他人的痛苦、悔恨和内疚。

> 宽恕要求我们必须对伤痛敞开心扉,不论是他人
> 伤害了我们,还是我们伤害了他人。

宽恕不是容忍糟糕的行为,也不是回到一段伤害你的关系中去。如果我们在一段关系中受了伤,我们需要先保护自己,然后才能宽恕。如果我们在关系中伤害了他人,还以原谅自己作为糟糕行为的借口,那么我们就无法真正地原谅自己。我们必须首先停止伤害行为,然后承认自己的错误,

并为自己造成的伤害负责任。

与此同时，我们需要记住，关系中造成的伤害通常是由很长一段时间里的多种原因和条件相互作用引起的。我们在一定程度上遗传了父母和祖父母的性情，而我们的行为是由童年早期经历、文化、健康状况、当前事件等多种因素共同塑造的。因此，我们无法完全控制自己在每时每刻里做的每一件事、说的每一句话。

有时，我们在生活中给他人造成痛苦是无意的，而我们此时此刻可能依然感到抱歉。比如我们搬家到很远的地方，开始新的生活，离开了家人和朋友，或者我们由于工作关系，无法给予年迈的父母所需的关注。这类痛苦不是任何人的错，而且我们能用自我关怀来承认并治愈这种痛苦。

要拥有宽恕的能力，我们需要对共通人性具备敏锐的觉察。我们都是不完美的人，我们的行为都源于一系列相互依赖的条件，这些条件远远超出了我们的掌控。换句话说，我们不需要因为自己犯了错误而太过耿耿于怀。看似奇怪的是，这种理解反而能帮助我们为自己的行为负起责任，因为我们在情感上更安全了。有一项研究让参与者回忆一种近期让自己感到内疚的行为，如考试作弊、对恋人说谎，或者说伤人的话。回想起来，这些行为仍然让他们感觉自己很糟糕。研究发现，比起没有学过自我关怀的参与者来说，那些在研究者的帮助下，对自己的错误表达自我关怀的参与者拥有更强的道歉动机，避免重蹈覆辙的决心也更强。[108]

> 我们生来就是不完美的人，所以不必对自己那么严苛。

在对朋友兼同事希尔德大发脾气之后，安妮卡一直很难原谅自己，她对希尔德说了"滚蛋"。安妮卡在工作中承受了巨大的压力，她一直在努力与一批新客户签合同，而且已经准备在某

天的晚餐时签约，而这顿晚餐是由客户操办的。这些客户相当保守，安妮卡知道自己必须按时到场、衣着得体，这样他们才会信任她。希尔德原本应该来接她一起去赴约，但希尔德没能按时前来。安妮卡怒不可遏地给希尔德打电话："你在哪儿？"原来希尔德完全忘记了这件事。"哎呀，真是太抱歉了。"希尔德无力地道歉。安妮卡实在忍不住骂出了声，还说了一些很伤人的话，然后挂掉电话，拦下了一辆出租车。片刻之后，安妮卡感觉糟糕极了。希尔德是她的朋友！她也没有做什么故意伤害自己的事——她只不过是忘了，而安妮卡太忙了，也没有去提醒希尔德。其实是安妮卡对于签合同这件事太过焦虑了，以至于无法理智地看待这件事，便做出了过度的反应。

宽恕一共分为五个步骤：

（1）**敞开心扉面对痛苦**——与那件事情带来的痛苦相处。

（2）**自我关怀**——不论是什么事带来了痛苦，都要允许自己因为痛苦而心怀同情，让自己的心随之融化。

（3）**智慧地看待事情**——开始认识到这件事并不完全是针对你个人的，而是许多相互依赖的原因和条件所导致的结果。

（4）**表达宽恕的意愿**——"愿我原谅自己（他人），原谅自己（他或她）有意或无意为他们（我）带来的痛苦。"

（5）**承担保护的责任**——向自己承诺不要重蹈覆辙，或者承诺尽力远离危险。

起初，安妮卡严厉地斥责了自己的糟糕行为，但她知道责备自己对谁都没有好处。相反，安妮卡需要原谅自己的错误，因为每个人都会犯错。

安妮卡从静观自我关怀课程中学到了宽恕的五个步骤，所以她知道自己该怎么做。首先，她需要接纳自己给希尔德造成的痛苦。这对于安妮卡来说很难，尤其是她那天没能如愿签下那份合同。她在内心深处想要把一切都归咎于希尔德。那是希尔德的错！但安妮卡知道事实并非如此。她没有理由那样对希尔德讲话。那是错误的。

安妮卡允许自己在内心深处想象希尔德在听到那样的话时会有什么感受——尤其是听到自己视其为朋友的人这样说自己。这需要一些勇气，因为安妮卡对此非常内疚。然后安妮卡给予了自己一些关怀，因为她伤害了自己爱的朋友，感到非常痛苦。"每个人都会犯错。看到你这样伤害了自己的朋友，我也很难过。我知道你非常后悔。"给予自己关怀以后，安妮卡就能够更客观地看待这件事了，而且她也能看到自己一直承担的巨大压力了。当时的情境激发了她最糟糕的一面。然后，安妮卡试着原谅自己的行为，至少是初步地原谅自己。"愿我能开始原谅自己在无意中为好朋友希尔德造成的痛苦。"同时，安妮卡也许下了承诺，自己以后生气的时候，至少要先做一次深呼吸再讲话。安妮卡知道这可能还需要一些时间才能做到，因为她有时不知道自己在生气，但她决定在承受压力的时候，不要反应那么激烈。

下面的两个练习会带你体验宽恕的五个步骤，既包括**宽恕别人**，也包括**宽恕自己**。再次强调，宽恕的关键在于敞开心扉面对自己感受到的伤痛，或者为他人造成的伤痛。时机也很重要，因为对于感受伤害别人的内疚，或者让自己在伤痛面前变得脆弱，我们会自然地怀有矛盾的情绪。正如俗话所说，我们需要"放弃让过去变得更美好的希望"。

 非正式练习　宽恕他人

- 做两三次深呼吸，闭上眼睛，花一些时间安定下来，把注意力放在自己身上。把手放在心上，或者使用其他形式的安抚触摸，向自己表达支持和善意。

现在，请回想一个对你造成过痛苦，并且你可能已经准备好原谅的**人**。然后，回想在那段关系中的一件**具体的事**，这件事给你造成了轻度的困扰，在 1～10 分的困扰程度量表上约为 3 分。重要的是，请在这项练习中选择你真正准备好原谅的人和事，因为你发现愤怒和埋怨给你造成了不必要的痛苦。不必着急，请花一些时间在下方描述你想要处理的事情。

_____

_____

_____

- 当你在做这项练习的时候，请试着在心里腾出许多空间，来容纳你可能会产生的任何感受，请带着好奇心来做这项练习，留意发生了什么，但不要过度陷入其中。如果你开始感到很不舒服，就暂停练习。你以后可以随时再做这项练习。

敞开心扉面对痛苦

- 尽量回忆那件事的细节，找到那个人给你造成的痛苦，也许你可以在身体里感受到这种痛苦。
- 你触及这种痛苦即可，不要陷入其中。

自我关怀

- 承认这种痛苦，就像你正在对一位好朋友讲话。"当然你会有这种感受……你受伤了！""那太痛苦了！"

- 不断地给予自己关怀，你也可以把一只手放在心上或其他地方，允许善意从手心涌入自己的身体。或者，你可以对自己说一些自我关怀的话："愿我平安。""愿我坚强。""愿我善待自己。"

- 现在，问问自己："我准备好原谅这个人了吗？"如果没有，那就再继续给自己关怀。

智慧地看待事情

- 如果你**真的**做好了宽恕的准备，看看自己能否理解导致对方做出糟糕行为的多种原因。承认犯错是人之常情，考虑一下是否存在某些影响事情发生的环境因素——这些因素你未曾考虑到，并且超出了你或对方的掌控。

  比如，这个人当时是否承受了许多压力？或者，是不是有一些困难塑造了这个人的人格（如童年的困境、低自尊、文化因素）？大多数人都只不过是在尽力过好自己的生活而已。但是，不论这件事涉及哪些因素，你都受到了伤害。

表达宽恕的意愿

- 现在，如果你觉得可以宽恕对方了（只有你感觉合适才行），那就可以开始对那个人表达原谅了。你可以说这样的话："不论你是否有意，这种行为都给我造成了痛苦，愿我开始原谅你的所作所为。"

  把这句话重复两三遍。

承担保护的责任

- 最后,如果你准备好了,就和自己许下一个约定吧——下定决心不要再像这样受伤了,不要再被这个人或其他任何人这样伤害了,至少尽你所能地保护自己。

> **沉淀与思考**
>
> 　　与自己的痛苦重新建立联结,给你带来了什么感受?你能给予自己关怀吗?你产生了对抗吗?
>
> 　　你能否发现之前没有考虑过的、导致对方做出伤害行为的因素?当你说出那些宽恕的话语时,你有什么感受?你能否真切地体会到决定在未来保护自己时的感受?
>
> 　　有些人在做这项练习的时候,会发现他们还没做好宽恕的准备。不愿宽恕本身就是一种重要的学习体验。如果你遇到了这种情况,可以试着把重点放在宽恕话语中的"开始"上,这个词突出了宽恕的意愿,但不强求。我们知道,当我们的内心感到自由的时候,我们就原谅他人了,但如果宽恕对我们来说就像负担一样,我们就没有准备好。

 非正式练习　宽恕自己

- 做两三次深呼吸,闭上眼睛,花些时间来让自己安定下来,把注意力放在自己身上。把双手放在心上,或者使用其他形式的安抚触摸,对自己表达支持与善意。
- 现在,回想一个你伤害过的人。请回想一件发生在你们之间的具体事件，这件事让你感到后悔，你想原谅自己造成了这件事情。再次强调，在你第一次做这项练习的时候，请选择一件相对容易处理的事情，在 1～10 分的困难程度量表上，大约为 3 分。不必着急，请花一些时间来找到适合练习的事件。

敞开心扉面对痛苦

- 花一些时间来考虑自己的行为对对方造成了哪些影响，允许自己感受在为他人造成痛苦时自然出现的内疚与悔恨。这可能需要一些勇气。
这一步能帮你感受与内疚有关的身体感觉，为身体里的感觉腾出容纳的空间。
（如果你发现自己的感受是羞愧感而非内疚，也可以回顾第 17 章中的"处理羞愧感"练习。）

自我关怀

- 如果你觉得自己做了错事，那就承认犯错是人之常情，感到内疚是生而为人的一部分。
- 因为自己所受的痛苦而表达关怀，你可以说："愿我善待自己。愿我接纳真实的自己。"如果你愿意，可以把一只手放在心上或其他位置上，允许善意从你的指尖涌入体内。
- 如果你觉得需要在这一步停留一段时间，那就停在这里吧，不必急着进行下一步。

智慧地看待事情

- 当你做好准备之后，试着理解你犯错的原因。花一些时间思考，当时有没有某些环境因素影响了你。比如，你是否承受了很大的压力？或者，你是否有些人格受到了刺激，导致你做出了非理性的行为——某些旧日的伤痛或怒火被激活了？花些时间跳出自我以及你对此事的个人解读，从更客观的角度来看待这件事。
- 或者，你可能没有犯错，只是在努力按照自己所知道的方式生活。

表达宽恕的意愿

- 现在，看看你能否原谅自己，试着对自己说这句话："不论是否有意，我的行为都给这个人造成了痛苦，愿我开始原谅自己的所作所为。"

承担保护的责任

- 如果你觉得合适，可以下定决心不要再这样伤害任何人，至少要尽你所能。

沉淀与思考

原谅自己和原谅他人，哪一个更容易？你能否敞开心扉去面对伤害另一个人的痛苦？

即使你觉得自己可能有些不值得关怀，但你能否给予自己一些关怀？找出影响你行为的因素是否对你有所帮助？说出宽恕的话语给你带来了什么感受？你能否真切地体会到决定再也不用同样的方式伤害他人时的感受？

当我们意识到自己伤害了他人时，会产生内疚和悔恨，要开放地面对这些感受，需要很大的勇气。我们越是用关怀来抱持这些不舒服的感受，我们避免重蹈覆辙的决心也就越强。有些人担心原谅自己会导致我们为自己的行为开脱。但是，只有真诚地宽恕自己，我们才能做出有效的改变。

The Mindful
Self-Compassion
Workbook

第 22 章

拥抱美好

自我关怀最大的好处之一，就是它不仅能帮你应对消极情绪，还能主动**产生积极情绪**。[109] 当我们以充满爱意和联结的临在状态拥抱自己和自己的体验时，会产生美好的感受。自我关怀不会产生那种甜腻的美好，也不会帮我们消除或回避糟糕的感觉。相反，自我关怀允许我们拥有最丰富的体验——既包括苦涩，也包括甜蜜。

然而，我们在生活中通常更加关注不好的事情，而不太关注美好的事情。比如，当你在工作中接受年度考核时，给你留下最深刻印象的是什么——表扬还是批评？如果你在商场购物时，遇到的售货员里有五个彬彬有礼，一个态度欠佳，你最有可能记住的是谁？

用心理学术语来说，这种现象叫作**负向偏差**（negativity bias）。[110] 里克·汉森说，对于大脑而言，往往"坏事恒久远，好事转眼忘"。[111] 从演化的意义上讲，我们之所以拥有负向偏差，是因为我们那些在晚上惴惴不安、担惊受怕的祖先（他们总是在担忧昨天那群土狼在哪儿活动，明天它们又会在哪儿出没），比那些无忧无虑、高枕无忧的祖先更容易生存下来。当我们面临生命危险的时候，这种倾向具有演化上的适应性。然而，当今我们面临的绝大多数危险，都只是对于自我感知的威胁，所以纠正负向偏差是自我关怀的做法，因为负向偏差歪曲了事实。

> 关注消极的事物能保护我们的祖先免遭危险；时至今日，这种倾向会让我们产生不平衡、不切实际的觉知。

我们需要**有意**发现并感受积极的体验，这样才能养成更为实际和平衡的觉知，才不会陷入消极之中。[112] 这需要一些训练，就像静观和自我关怀需要训练一样。除此以外，由于关怀训练要求我们开放地面对痛苦，所以我们可能需要关注积极体验所带来的能量提升，以便支撑我们的关怀练习。

关注积极面也有一些重要的好处。芭芭拉·弗雷德里克森提出的"拓展和建构"（broaden-and-build）理论[113]认为，积极情绪的演化意义在于拓展注意力的范围。也就是说，当人们感到安全和满足时，他们会变得好奇，并且开始探索周围的环境，留意获得食物、住所和休息的机会。这就使得我们能够抓住在意志消沉时难以注意到的机遇。

当一扇幸福之门关上时，另一扇幸福之门就会打开，但我们往往长久地注视着这扇关闭的大门，却对那扇为我们开启的大门视而不见。[114]

——海伦·凯勒

近年来，在心理学界有一场运动，这场运动的焦点在于寻找培养积极情绪的最有效的方法，而研究者发现了两种最有效的方法，那就是**品鉴**（savoring）和**感恩**（gratitude）。

品鉴

品鉴包括发现并欣赏生活中的积极方面——让积极的事物进入心中，

让它们在那里停留，然后放下它们。品鉴不仅仅是一种愉悦——品鉴是对愉悦**体验**的静观觉知。[115] 换句话说，当好事发生的时候，留意这件事的发生。

品鉴就是静观积极的体验。

由于我们天生倾向于忽略好事、关注坏事，所以我们需要付出一些努力，才能关注那些让我们感到愉悦的事物。幸运的是，品鉴是一种简单的练习——留意苹果酸甜多汁的口感、在脸颊上轻抚的微风、同事温暖的微笑、握着的伴侣的手。研究发现，仅仅是用一点时间去注意并沉浸在这种积极的体验里，就能大大地提高我们的幸福感。[116]

感恩

感恩即承认、认可我们生活中的美好事物，并且心怀感激。[117] 如果我们只关注自己想要但**没有**的东西，我们会停留在一种负面的心态里。但当我们关注自己**真正拥有**的东西，并为它们表达感谢时，我们的体验就会产生巨大的变化。

品鉴主要是一种体验性的练习，而感恩则是一种智慧的练习。智慧是指理解万事万物如何相互依存。哪怕是一件很简单的事情要发生，其所需的共同作用的因素都是数不胜数的，这足以让我们产生发自内心的敬畏。感恩就是认可无数为我们的生活带来美好的人和事。一位静观自我关怀课程的学员曾说："智慧的本质就是感恩。"

感恩可以针对生活中的大事，比如健康和家庭，但是当我们对小事感恩时，比如感恩公交车按时到站，或感恩在炎炎夏日带来凉爽的空调，它的作用会更为明显。研究表明，感恩与幸福感之间有着很密切的关系。[118] 哲学家马克·尼波（Mark Nepo）曾写道："感到快乐的关键在于知足。"[119]冥想教师詹姆斯·巴拉兹（James Baraz）在他的著作《觉醒的喜悦》（*Awakening Joy*）中讲了一个很棒的故事，这个故事体现了感恩的力量。经过他的允许，我们将那个故事改编并记录在此。[120]

有一年，我去拜访我89岁的母亲。我随身带了一本杂志，杂志里有一篇文章讲述了感恩的益处。在吃晚餐的时候，我给母亲讲了一些文章里的发现。母亲说，这些研究报告给她留下了深刻的印象，并且承认，她这一辈子总是倾向于看见事情不好的一面。"我知道我很幸运，拥有许多值得感恩的东西，但总有些小事会让我发脾气。"她说她希望自己能改变这个习惯，但不知道能不能成功。"我只是更习惯看见问题。"她总结道。

"我知道，妈妈，感恩的关键其实就在于我们看待一件事的方式。"我开口说道，"举个例子，假设你的电视信号突然变差了。"

"这倒是个我能理解的处境。"她表示赞同，露出了理解的微笑。

"你可以这样描述自己的体验，'太讨厌了，我真想大吼一声！'或者，你也可以说，'太讨厌了……原来我的生活真的很幸福。'"她承认两者之间有很大的不同。

"但是我觉得我可能记不住那样做。"她叹了口气。

所以，我们一起创造了一个感恩游戏来提醒她。每当她抱怨某件事时，我就会说："原来……"她就会接着答道："原来我的生活真的很幸福。"我很高兴能看到她愿意尝试。尽管我们最初只是想把这件事当作一个有趣的游戏，但在一段时间以后，这个游戏开始产生了真正的作用。在我们一连几周都过着充满感恩的生活之后，母亲的心情变得开朗起来了。让我感到既高兴又惊讶的是，母亲把这个练习坚持下来了，而她的生活也产生了翻天覆地的变化。

非正式练习　品鉴行走[121]

当你身处美丽的大自然中，比如在花园或森林中，这项品鉴练习会尤其令你感到振奋，只要你不感到难堪，这项练习在任何地方都可以做。

- 留出 15 分钟的时间在户外缓缓散步。行走的目的是留意并品鉴各种吸引人的事物或积极的内部体验。慢慢地、一个接一个地运用你的所有感官——视觉、嗅觉、听觉、触觉……甚至还可以用上味觉。
- 这项练习的目的不是"试着"开心起来，或者让任何事情发生。只要允许自己注意让你愉悦的事物，允许自己被它们吸引，与它们待在一起，然后放下它们——不论什么吸引了你的注意都行。
- 在散步的时候，你注意到了多少美丽的、吸引人的或鼓舞人心的事物？你是否喜欢松树的芬芳、阳光的温暖、美丽的树叶、岩石的轮廓、微笑的脸庞、鸟儿的歌唱、脚下大地的坚实触感？
- 当你发现某个令人愉悦的事物时，允许自己被它吸引。真正地去品味它。如果你愿意，去闻闻刚刚修剪的青草的气息吧，去感受手杖的质地吧。让自己沉浸在这种体验里，就好像这件事物是世界上唯一存在的东西。
- 当你失去兴趣、想要寻找其他新鲜事物时，就放下这种体验并等待着，直到你发现了其他吸引你、让你愉悦的东西。就像蜜蜂在花间寻觅一样，当你在一朵花上采够了花蜜时，就可以前去寻找另一朵花了。
- 不必着急，慢慢地走动，看看会发生什么。

> **沉淀与思考**
>
> 　　当选择性地关注积极的体验时,你有哪些感受?你有没有注意到任何平常可能被你忽略的事物?你能否与那种愉悦与美好待在一起,并沉浸其中?
> 　　与做练习之前相比,你的感受有何不同?
> 　　许多人发现,让自己沉浸在积极的体验里也会让他们变得更快乐。这项练习也说明了我们内心对于感受的评价会影响我们享受其中的感觉。但是,当我们重新把自己的关注点直接放在美好的体验上时,环境中的声音会变得更加清晰,气味会变得更加芬芳,其他感受也是如此。正如艾米莉·狄金森的诗作所说:"生命令人惊奇,让我们无暇他顾。"[122]

 非正式练习　品鉴食物

　　品鉴食物是用静观的方式进食,并且邀请自己去**享受**品尝食物的体验。

- 选择一种你喜欢吃的零食或正餐。
- 花一些时间,欣赏食物美好的外观。然后品鉴它的气味,感受触碰食物的感觉。
- 开始思考这份食物在来到你嘴边之前,经历过多少双手的栽培、运输或制作——农民、卡车司机、食品店员……
- 现在**慢慢地**吃下食物,首先留意你在伸手去取食物前,口中可能会分泌唾液。然后把食物放进嘴里,注意食物经过你的嘴唇。当你咀嚼的时候,感受口中是否充满了食物的味道。当你开始吞咽的时候……

- 继续按照这种方法进食，完全允许自己享受进食的每时每刻，就像这是你此生吃的第一顿也是最后一顿饭。
- 当你吃完之后，留意"吃完"的感觉——食物的味道停留在口腔的感觉。

沉淀与思考

当你允许自己慢慢吃食物并享受吃的过程时，食物吃起来有什么不同吗？这样吃食物给你带来了哪些感受？

品鉴食物的练习通常能立即带来满足和幸福感。奇怪的是，当我们心不在焉地吃东西时，我们往往完全无法享受食物，并且经常吃得过多。研究发现，静观进食有一个额外的好处，那就是帮我们保持身材，并且在吃饱时就停止进食。[123]

 练习　为大事和小事感恩

写下你生活中的五件**大事**，这些事对你非常重要，你想对这些事情表示感激。比如健康、儿女、事业、朋友。

1. _____
2. _____
3. _____
4. _____
5. _____

现在写下你生活中的五件**小事**，这些事常常被你忽视，但你依然想对它们表示感激。比如纽扣、自行车打气筒、热水、真心的微笑、眼镜。

1. _____
2. _____
3. _____
4. _____
5. _____

> **沉淀与思考**
>
> 　　你的清单里是否出现了某个让你感到惊讶的事物？哪一类事物让你觉得更容易表达感恩，大事还是小事？做完这项练习以后，与之前相比，你有什么感受？
>
> 　　你可以在早上醒来的时候，或者在晚上关灯入睡前做这项练习。你可以试着利用每只手上的五根手指——一只手代表你要感恩的大事，另一只手代表你要感恩的小事。这个练习只需要几分钟，但研究发现"细数幸福"能对你的心理健康产生很大的影响。[124]

The Mindful
Self-Compassion
Workbook

第 23 章

自我欣赏

许多人都知道向他人表达感激和欣赏是很重要的。可是,感激和欣赏自己呢?那就不太容易了。

在看待自己的时候,我们的负向偏差尤其明显。自我欣赏不仅给我们很不自然的感觉,甚至还会让我们感觉好像完全是错误的。因为我们倾向于关注自身的不足,而不是欣赏我们的优点,所以我们往往对自己抱有歪曲的看法。想想看吧。当有人赞扬你的时候,你是欣然接受,还是立刻开始推辞?仅仅是**想到**我们身上的优点,我们通常都会感到不舒服。我们的内心会立即开始反驳,"我并非总是那样的"或"我还有好多缺点"。这种反应再一次体现了负向偏差,因为当我们得到不好的反馈时,我们下意识的想法却往往不是"没错,但我并非总是那样"或"你看到我的**优点**了吗"。

我们中的多数人都觉得欣赏自己是错误的。

我们当中的许多人甚至害怕承认自己的优点。导致这种现象的常见原

因有：

- 我不想显得太过傲慢，以至于疏远我的朋友。
- 我的优点不是需要解决的问题，所以我不必关注优点。
- 我害怕把自己捧得越高，以免摔得越痛。
- 那样会让我产生优越感，并且与他人产生隔阂。

当然，仅仅是承认事实，承认我们除了有一些不那么好的品质之外，还有许多优点，与自认完美无缺或比他人更优越是有很大区别的。重要的是，我们要欣赏自己的优势，并且对自己的弱点心怀关爱，这样才能拥抱自己的全部，拥抱真实的自己。

我们既可以将自我关怀的三个成分（善待自我、共通人性、静观当下）应用于积极品质，也可以将其应用于消极品质。[125] 这三个因素组合在一起，可以让我们用健康和平衡的方式来欣赏自己，如表 23-1 所示。

表 23-1 自我欣赏

善待自我	对我们的优点表达欣赏是善待自己的一部分，就像我们会对好友表达欣赏一样
共通人性	只要我们记住人人都有优点，我们就能认可自己的优势，而不会感到与他人产生隔阂或比他人更优越
静观当下	要欣赏自己，我们就需要注意到自己的优点，而不要把它们视为理所应当

重要的是，我们要认识到践行自我欣赏并非自私或以自我为中心。相反，这只是承认了每个人都有优点。有的孩子可能在成长的过程中被灌输了"谦虚就是不承认自己的成就"这一信念，但这种养育方式可能会损害孩子的自我概念，妨碍他们恰当地认识自己。自我欣赏是纠正我们对于自身的负向偏差的一种方法，并且能帮助我们更加清晰地看待自己。自我欣赏也能给我们带来为他人付出所需的情绪弹性和自信。

> 作为一个人，我们既有优点也有缺点，所以自我欣赏是符合实际的，而不是自私。

畅销书作者、心灵导师玛丽安娜·威廉森（Marianne Williamson）曾写道："就像孩童一样，我们都应该发出光芒……当我们允许自己闪耀的时候，也在无意间给了他人闪耀的许可。当我们让自己从恐惧中解脱时，我们的存在就能自然而然地解放他人。"[126]

智慧和感恩对于自我欣赏来说是非常重要的。我们在上一章讲过这些品质，它们能帮助我们用更广阔的视角来看待我们自身的优点。当我们欣赏自己的时候，我们也在欣赏所有造就我们的原因、条件和人，包括朋友、父母和老师，正是他们当初帮助我们养成了这些优点。也就是说，我们不必把自己的优点看得只与自己有关！

当我们赞扬自己的时候，我们也赞扬了所有
那些一直教养我们、支持我们的人。

艾丽斯在一个严格的清教徒家庭里长大，谦卑和谦让是家里的行为准则。在八岁那年，艾丽斯在三年级拼字比赛中赢得了一个奖杯。她记得当她拿着奖杯回家的时候，妈妈皱起眉头，说道："不要太自以为是了。"每当艾丽斯有所成就的时候，她都觉得自己需要淡化自己的成就，否则就会引起家人的不满。

后来，艾丽斯开始与一个名叫西奥的男人交往。西奥认为艾丽斯人美心善，既聪明又美好，并且喜欢赞美她。听到这样的赞美，艾丽斯不仅因尴尬而畏缩，还感到非常焦虑。如果西奥发现我并不完美怎么办？如果我让他失望了怎么办？每当西奥对艾丽斯说一些赞美的话时，艾丽斯总会置之不理，这让西奥感到非常困惑，好像撞上了一堵看不见的墙。

后来，经过学习，艾丽斯变得擅长自我关怀了，学会了将自己的不足看作共通人性的一部分。她能够理解自我欣赏了，最初她只是理解了自我欣赏的概念，但她知道自己有了前进的方向。起初，艾丽斯在心中记录自己每天做得好的事情——片刻的友善、成功、小小的成就。然后她试着对此说一些欣赏的话语，例如"做得好，艾丽斯"。当艾丽斯这样对自己讲话的时候，她觉得自己好像违背了在童年时就订立的契约，这让她感到不安，但她坚持下来了。"我不是在说我比别人都好，或者我是完美无缺的。我只是在说，我这次的确做得很好。"后来，艾丽斯决定接纳并享受西奥给予她的真诚赞美。这个转折让西奥非常高兴，他给艾丽斯买了一个手镯，手镯的内侧有一句话："**我可能并非完美无缺，但我有些部分非常优秀！**"

 练习　如何看待我的优点

思考下面的问题，请尽量做出公正和诚实的回答。

- 对于赞美，你会做出怎样的反应？你是愉快、大方地接受，还是感到紧张、回避或忽略赞美？

- 在你独处的时候，欣赏自己的优点让你感到舒服还是不舒服？

- 如果欣赏自己的优点让你感到不舒服，请思考一下这是为什么。你是担心自己变得傲慢、跌下神坛、骄傲自满、与他人产生隔阂，还是有些其他的原因？你是怎么看的？

> **沉淀与思考**
>
> 许多人发现，他们做自我欣赏的练习比做自我关怀的练习获益还多。不知怎么回事，接纳自己的缺陷和不足是可以的，但是要承认自己的优点和成就？这怎么行？如果你遇到了这种情况，说明你可能真的需要把自我欣赏作为日常生活中的一项有意识的练习，这会让你受益。

 练习　自我欣赏

这项练习可以帮你在自己身上发现你欣赏的品质。尤其是认可那些在你生活中对你产生影响，帮你养成这些品质的人，更能够帮你做到自我欣赏。

如果你在练习中感到任何不适，请在自己的内心腾出一些空间，感受此时出现的任何情绪，体验当下真实的自己。

- 做两三次深呼吸，闭上你的眼睛，花些时间来让自己安定下来，把注意力放在自己身上。把双手放在心上，或者采用其他形式的安抚触摸，对自己表达支持和善意。

- 现在，请在自己身上找出 3～5 个你欣赏的地方。脑海中出现的第一点可能会有些肤浅。看看自己能否敞开心扉，找到自己内心深处**真的**喜欢和欣赏的地方。不必着急，请尽量保持真诚。

- 现在，请想一想这些积极的品质，一个接一个地想，在心中向自己点点头，表示欣赏，因为自己拥有这些美好的品质。
- 在想到自己的优点时，留意自己是否产生了不舒服的感受，为这种感受腾出空间，允许自己此时的感受存在。记住，你并没有说你**一直**都会表现出这些好的品质，或者你比其他人都好。你只是在承认你的确有这些品质。
- 现在思考一下，有没有人帮助你养成了这些好的品质？也许是朋友、父母、老师，甚至是书籍的作者对你产生了积极的影响？

- 想想每一个给你积极影响的人，也为他们每个人送去感恩和欣赏。

- 此时此刻，允许自己品味、享受这种对于自己的积极感受——让这种感受真正地进入心里。

沉淀与思考

你能否找出自己的一些优点？当你给予自己欣赏的时候，有什么感受？当你对他人表达感恩和欣赏的时候，自我欣赏有没有变得更容易一些？

对于大多数人来说，一旦发现自己的优点与他人的生活和帮助密不可分，接纳自己的优点就会变得容易得多，这是练习中很有趣的一个部分。当我们把他人纳入自我欣赏中时，欣赏自己就显得不那么自我中心了，我们也不会觉得那么孤单了。

许多人觉得这项练习有些难度，尤其是那些有过童年创伤的人，或者在那种"不应该"为自己的成就感到骄傲的环境中长大的人。有时，当我们试着欣赏自己的优点时，我们会回想起过去，那时我们的优点不被欣赏，而我们更容易看见自己不那么好的品质。这是回燃（见第8章）。如果你遇到了这种情况，请记住回燃是转变过程的一部分，要温柔地对待自己，要关怀自己。回燃可能也说明这个练习对你而言是有成效的，请慢慢地、耐心地做这项练习。只要你允许自己认可自我的**整体**，既认可自己的优点，也承认自己的缺点，你就为自己打开了一扇门，这扇门通往更加丰富、更加真实的生活。

The Mindful
Self-Compassion
Workbook

第 24 章

继续前行

本书就快接近尾声了，你也知道了许多培养自我关怀的原则与练习。你可能想知道怎样将所学的内容融入日常生活，以及如何在未来的数月，甚至数年里继续练习。

有人可能会问："哪个练习才是最适合我的？"冥想教师莎伦·扎尔茨贝格答得最好："你坚持得最好的那个练习！"我们只有在做过之后才会发现哪个练习坚持得最好，但我们也许可以从**最容易**、**最喜欢**的练习入手。到底是哪些练习呢？你可以一边阅读，一边思考。

最好的练习就是你坚持得最好的练习。

知道哪项练习对你特别**有意义**或**有帮助**，也是很好的。也许你遇到了成长的瓶颈或回燃，但你知道自由近在眼前。如果你遇到了这样的情况，可以记住这个练习，等你准备好了，再次回到这项练习中来。请在练习的时候保持自我关怀。

下面是一些有关坚持练习的建议：

- 尽量在练习中找到快乐，这样练习才能自我强化。
- 从小做起——简短的练习可以起到很大的作用。
- 在日常生活中练习，在你最需要的时候练习。
- 当练习遇到挫折时要关怀自己，然后重新开始即可。
- 放下不必要的努力，无须把一切都做对——只要温暖和友善地对待自己就好。
- 选择固定的时间，每天坚持练习。
- 发现练习中的障碍。
- 阅读有关静观和自我关怀的书。
- 记录自己的练习体验。
- 保持联结——在集体中练习。
- 倾听冥想的指导语，你可以在书中的附录 B 中找到资源。
- 参加静观自我关怀课程。静观自我关怀中心（The Center for Mindful Self-Compassion，www.centerformsc.org）及其中国战略合作伙伴海蓝幸福家（Hailan Family Well-being，www.hailanxfj.com）有一系列静观自我关怀课程，也有静观自我关怀的线上培训。

 练习　我想记住什么

在你读完本书之前，可能需要回忆一下自己学习的所有内容。学过这么多内容，你可能感觉有些不知所措。因此，这个问题就会出现："我想记住什么？"请回答下面两个问题——一个是关于心的问题，另一个是关于练习的问题。

关于心的问题

- 将双眼闭上一会儿,回顾自己阅读本书时的体验。在心中搜索真实的感受,问问自己:"什么最触动我、感动我,或者改变了我的内心?"为了帮助自己回忆,你也可以回顾自己在书里或笔记本里写下的笔记。

  答案其实可以是任何东西——也许是一个意外、一次顿悟,或者一种领悟。也可能是某种在这过程中安慰你、挑战你、鼓舞你,或改变你的东西。

  慢慢来,不必着急,写下脑海中出现的东西——你想要记住的东西。

关于练习的问题

- 接下来,写下你未来愿意记住并重复做的**任何练习**。看看有没有你觉得对你有所帮助的正式冥想,以及可以在日常生活中做的非正式练习。为了帮助回忆,你可以再翻翻这本书,尤其要注意那些最容易让你产生共鸣的练习,或者对你影响最大的练习。

The Mindful
Self-Compassion
Workbook

附录 A

练习清单

第 1 章　什么是自我关怀
我会怎样对待朋友
用自我关怀的方式看待自己

第 2 章　什么不是自我关怀
我对自我关怀的疑虑
自尊对你的影响

第 3 章　自我关怀的益处
我有多关怀自己
自我关怀日记

第 4 章　自我批评和自我关怀的生理机制
放松触摸
即时自我关怀 🎧
自我关怀动作

第 5 章　自我关怀的阴与阳
我现在需要自我关怀的哪些方面

第 6 章　静观
自我关怀呼吸 🎧
"此时此地"石
日常生活中的静观

第 7 章　放下对抗
冰块
我如何让自己承受了不必要的苦难
留意对抗

第 8 章　回燃
脚底静观
日常生活中的自我关怀

第 9 章　培养慈爱之心
给所爱的人慈爱
慈爱行走

第 10 章　给自己慈爱
寻找自己的慈爱话语 🎧
给自己慈爱 🎧

第 11 章　自我关怀的动力
找到你的关怀之声
给自己写一封关怀的信

第 12 章　自我关怀与我们的身体
用自我关怀来拥抱自己的身体

自我关怀身体扫描 🎧

第 13 章　进步的阶段
我在自我关怀练习的哪个阶段

做一个即使身陷困境也能充满关爱的人

第 14 章　深刻的生活
发现我们的核心价值

活出生命的誓言

黑暗中的光明

第 15 章　陪伴他人但不失去自我
给予和接受关怀 🎧

自我关怀倾听

第 16 章　与困难情绪相处
处理困难情绪 🎧

第 17 章　自我关怀与羞愧感
处理我们的负面核心信念

处理羞愧感

第 18 章　人际关系中的自我关怀
人际冲突中的即时自我关怀

满足我们的情感需求

心怀关爱的友人 🎧

第 19 章　照料者的自我关怀
减轻照料者的压力

平静的关怀 🎧

第 20 章　自我关怀与人际关系中的愤怒
满足未被满足的需求

有力的关怀

第 21 章　自我关怀与宽恕
宽恕他人

宽恕自己

第 22 章　拥抱美好
品鉴行走

品鉴食物

为大事和小事感恩

第 23 章　自我欣赏
如何看待我的优点

自我欣赏

第 24 章　继续前行
我想记住什么

🎧 符号说明这项练习的补充录音可以在吉尔福德出版社网站（www.guilford.com/neff-materials）上找到。

The Mindful
Self-Compassion
Workbook

附录 B

音频文件清单

1. 英文音频文件清单

本节英文音频文件（见表 B-1）可以在吉尔福德出版社网站上下载或播放。

表 B-1　英文音频文件清单

章节	音频序号	标题	播放时长	老师
第 4 章	1	即时自我关怀	5:20	克里斯汀·内夫
	2	即时自我关怀	12:21	克里斯托弗·杰默
第 6 章	3	自我关怀呼吸	21:28	克里斯汀·内夫
	4	自我关怀呼吸	18:24	克里斯托弗·杰默
第 9 章	5	给所爱的人慈爱	17:08	克里斯汀·内夫
	6	给所爱的人慈爱	14:47	克里斯托弗·杰默
第 10 章	7	寻找自己的慈爱话语	23:02	克里斯托弗·杰默
	8	给自己慈爱	20:40	克里斯托弗·杰默
第 12 章	9	自我关怀身体扫描	23:55	克里斯汀·内夫
	10	自我关怀身体扫描	43:36	克里斯托弗·杰默
第 15 章	11	给予和接受关怀	20:48	克里斯汀·内夫

（续）

章节	音频序号	标题	播放时长	老师
	12	给予和接受关怀	21:20	克里斯托弗·杰默
第 16 章	13	处理困难情绪	16:01	克里斯汀·内夫
	14	处理困难情绪	16:09	克里斯托弗·杰默
第 18 章	15	心怀关爱的友人	18:09	克里斯汀·内夫
	16	心怀关爱的友人	15:05	克里斯托弗·杰默
第 19 章	17	平静的关怀	14:38	克里斯托弗·杰默

2. 中文音频文件清单

为方便中国读者更好地体验书中练习，本书增加中文音频文件（见表 B-2）。读者可以查找本书封底二维码，扫码进入数字资源页面，获得冥想音频。

表 B-2　中文音频文件清单

章节	音频序号	标题	播放时长	录制方
第 4 章	1	即时自我关怀	9:36	海蓝幸福家
第 4 章	2	放松触摸	5:26	海蓝幸福家
第 6 章	3	自我关怀呼吸	11:24	海蓝幸福家
第 8 章	4	脚底静观	5:43	海蓝幸福家
第 6 章 / 第 8 章	5	日常生活中的静观和自我关怀	10:35	海蓝幸福家
第 12 章	6	自我关怀身体扫描	26:30	海蓝幸福家
第 16 章	7	处理困难情绪	22:29	海蓝幸福家
第 19 章	8	平静的关怀	18:59	海蓝幸福家

3. 可下载音频文件使用条款

出版社授予本书的个人购买者在 www.guilford.com/neff-materials 网站和本书数字资源页面在线播放或下载音频文件的许可。该许可仅授予购买者本人，供个人使用。该许可条款不允许购买者复制这些材料，将其音频或文字转录用于转售、再度发行、传播或其他用途（包括但不限于书籍、手册、文章、视频或音频制品、播客、文件分享网站、互联网或内网、演讲文字资料或幻灯片、工作坊、网络研讨会，不论是否收费都不允许）。若要复制这些材料用于上述用途或其他任何用途，必须向吉尔福德出版社及机械工业出版社授权部门提起书面申请，获得授权。

结　　语

读者朋友们，我们要对你们表示衷心的感谢，感谢你们和我们一起走上这条静观和自我关怀的道路。我们知道，要开放地面对所有的人类体验，是需要勇气和决心的。希望你的努力已经开花结果，也许你的心已经变得更加轻松和愉快了。静观自我关怀的践行就是这么矛盾——我们越是静观和关怀我们的痛苦，我们越能让自己的心灵获得解脱。但是，我们必须保持耐心。

静观和自我关怀的践行是一趟终生的旅程——我们永远无法到达终点。这是一件好事，因为这会让我们生命中的每时每刻都变得更加珍贵，因为我们会意识到每时每刻都有践行的机会。我们尤其应该珍惜与集体在一起践行的机会。我们希望你能把自己当作这个不断壮大的集体的一员，希望你能因此而得到滋养。

最后，愿我们共同努力的结果能让所有的生命受益，愿我们永远记得让自己归属于关怀的大爱。

致 谢

我们自 2010 年就开始研究静观自我关怀（MSC）了，现在所有的 MSC 工作者、教师以及研究者形成了一个全球性社区，而静观自我关怀是属于我们所有人的共同事业。我们发现自己处在一个令人羡慕的位置上——我们得以汇聚诸君的智慧，将其整合为你手上的这本书。我们正在一同学习如何为世界带来更多的关怀，但在关怀世界之前，我们首先要善待自己。我们希望，在我们学习的同时，静观自我关怀的方法能不断向前发展。我们要向无数为本书贡献知识的人致以谢意。

我们有幸生活在当今这个时代。此时，关怀的实务工作与科学研究已经不再是互不相干的领域了，中西方的智慧也正在相互交融。这种交融在人类的历史上是前所未见的。因此，我们对那些为此搭建桥梁的先驱心怀感激。他们的工作成果为我们铺平了道路——他们让自我关怀训练融入了主流社会。

从一开始，我们的一些亲密同事就看到了自我关怀的价值，他们以各种无私的方式支持着我们的事业。我们向他们表示感谢（此处省略人名）。我们尤其要感谢史蒂夫和米歇尔，他们 2014 年在加州大学圣迭戈分校启动了静观自我关怀教师入门培训项目，并协助我们开发了本书中的独特教学方法。这种自我关怀训练法对于广大受众来说，是安全有效的。如果读者在阅读本书后发现自己的生活有所变化，我们希望你能考虑参加一门真正的静观自我关怀课程，与那些多才多艺、训练有素的教师沟通交流，他们是静观自我关怀项目的生命之源。

吉尔福德出版社（The Guilford Press）的资深编辑姬蒂·穆尔（Kitty Moore）在过去的几十年里一直致力于将世界变得更加美好，如果没有她的大力支持，本书绝不会得以出版，我们对她表示衷心的感谢。我们也要衷心感谢策划编辑克里斯蒂娜·本顿（Christine Benton），她逐字读过本书的文稿，为内容与文风提供了宝贵的建议，让本书的可读性更强，更加贴近读者。

最后，我们希望在未来的岁月里回馈我们身边最亲近的家人，感谢你们的慷慨与理解。我们尤其要感谢克里斯汀的儿子罗恩，以及克里斯托弗的伴侣克莱尔。希望读者能在本书的字里行间感受到他们的涓涓善意。

资　　源

书籍

Baraz, J., & Alexander, S. (2012). *Awakening joy.* Berkeley, CA: Parallax Press.

Bluth, K. (2017). *The self-compassion workbook for teens.* Oakland, CA: New Harbinger Press.

Brach, T. (2003). *Radical acceptance: Embracing your life with the heart of a Buddha.* New York: Bantam.

Brach, T. (2013). *True refuge.* New York: Bantam Books.

Brown, B. (2010). *The gifts of imperfection.* Center City, MN: Hazelden.

Brown, B. (2012). *Daring greatly.* New York: Penguin.

Fredrickson, B. (2013). *Love 2.0.* New York: Hudson Street Press.

Germer, C. K. (2009). *The mindful path to self-compassion.* New York: Guilford Press.

Germer, C., & Neff, K. (in press). *Teaching the Mindful Self-Compassion program: A guide for professionals.* New York: Guilford Press.

Gilbert, P. (2009). *The compassionate mind.* Oakland, CA: New Harbinger Press.

Hanh, T. N. (1998). *Teaching on love.* Berkeley, CA: Parallax Press.

Hanson, R. (2009). *The Buddha's brain.* Oakland, CA: New Harbinger Press.

Hanson, R. (2014). *Hardwiring happiness.* New York: Harmony/Crown.

Kabat-Zinn, J. (1990). *Full catastrophe living.* New York: Dell.

Keltner, D. (2009). *Born to be good.* New York: Norton.

Kornfield, J. (1993). *A path with heart.* New York: Bantam Books.

Neff, K. (2011). *Self-compassion: The proven power of being kind to yourself.* New York: William Morrow.

Rosenberg, M. (2003). *Nonviolent communication: A language of life.* Encinitas, CA: PuddleDancer Press.

Salzberg, S. (1997). *Lovingkindness: The revolutionary art of happiness.* Boston: Shambhala.

Salzberg, S. (2008). *The kindness handbook.* Boulder, CO: Sounds True.

Siegel, D. J. (2010). *Mindsight.* New York: Bantam.

克里斯汀·内夫和克里斯托弗·杰默的线上及音频课程

The power of self compassion: A step-by-step training to bring kindness and inner strength to any moment of your life. Sounds True, *www.soundstrue.com*. Eight-week online training course by Kristin Neff and Christopher Germer.

Self-compassion: Step by step: The proven power of being kind to yourself. Sounds True. *www.soundstrue.com*. Six-session audio training course by Kristin Neff.

克里斯汀·内夫和克里斯托弗·杰默的网站[1]

静观自我关怀中心

www.centerformsc.org

- 克里斯托弗·杰默和克里斯汀·内夫的音频和视频
- 支持持续练习的资源
- 持续学习的线上资源
- 即将开展的静修、工作坊,以其他与自我关怀活动的相关信息
- 支持搜索功能的全球静观自我关怀的教师与项目数据库

社交媒体

- Facebook 页面:www.facebook.com/centerformsc
- Twitter 账号:centerformsc

克里斯汀·内夫

www.self-compassion.org

- 视频演示
- 冥想指导语
- 自我关怀练习
- 测试你的自我关怀水平
- 大量自我关怀研究文献
- 即将开展的演讲和工作坊的相关信息

社交媒体

- Facebook 页面:www.facebook.com/selfcompassion
- Twitter 账号:self_compassion

---

[1] 此处所涉及的网站均为英文原书内容,保留在本书中的目的是为中国读者提供更丰富的资源,但由于多种原因,个别网站有可能无法顺利访问,特此说明。

克里斯托弗·杰默

www.chrisgermer.com
- 冥想指导语
- 即将开展的演讲和工作坊的相关信息

社交媒体
- Facebook 页面：www.facebook.com/Christopher-K-Germer-PhD-The-Mindful-Path-to-Self-Compassion-141943624277

其他有用的网站

接纳承诺疗法
www.contextualscience.org/act

斯坦福大学医学院关怀与利他研究与教育中心
www.ccare.stanford.edu

威斯康星大学麦迪逊分校健康心灵中心
www.centerhealthyminds.org

剑桥健康联盟与哈佛医学院教学附属医院静观与关怀中心
www.chacmc.org

马萨诸塞大学医学院医疗、卫生保健与社会静观研究中心
www.umassmed.edu/cfm

埃默里大学"基于认知的关怀培训"
www.tibet.emory.edu/cognitively-based-compassion-training

关怀研究所"关怀培养训练与观照教育"
www.compassioninstitute.com

关怀之心基金会"慈悲聚焦疗法"
www.compassionatemind.co.uk

加州大学伯克利分校至善科学中心《至善》杂志
www.greatergood.berkeley.edu

冥想与心理治疗研究所
www.meditationandpsychotherapy.org

真我领导力中心"内在家庭系统"
www.selfleadership.org

静观认知疗法
www.mbct.com

注　释

前言

1 Quote retrieved from *www.bbc.co.uk/worldservice/learningenglish/movingwords/quotefeature/rumi.shtml*.

2 Zessin, U., Dickhauser, O., & Garbade, S. (2015). The relationship between self-compassion and well-being: A meta-analysis. *Applied Psychology: Health and Well-Being, 7*(3), 340-364.

3 Breines, J. G., & Chen, S. (2012). Self-compassion increases self-improvement motivation. *Personality and Social Psychology Bulletin, 38*(9), 1133-1143.

4 Neff, K. D., & Beretvas, S. N. (2013). The role of self-compassion in romantic relationships. *Self and Identity, 12*(1), 78-98.

5 Dunne, S., Sheffield, D., & Chilcot, J. (2016). Brief report: Self-compassion, physical health and the mediating role of health-promoting behaviours. *Journal of Health Psychology*.

6 MacBeth, A., & Gumley, A. (2012). Exploring compassion: A meta-analysis of the association between self-compassion and psychopathology. *Clinical Psychology Review, 32,* 545-552.

7 Sbarra, D. A., Smith, H. L., & Mehl, M. R. (2012). When leaving your ex, love yourself: Observational ratings of self-compassion predict the course of emotional recovery following marital separation. *Psychological Science, 23,*

261-269.

8 Brion, J. M., Leary, M. R., & Drabkin, A. S. (2014). Self-compassion and reactions to serious illness: The case of HIV. *Journal of Health Psychology, 19*(2), 218-229.

9 Neff, K. D., Hseih, Y., & Dejitthirat, K. (2005). Self-compassion, achievement goals, and coping with academic failure. *Self and Identity, 4,* 263-287.

10 Hiraoka, R., Meyer, E. C., Kimbrel, N. A., DeBeer, B. B., Gulliver, S. B., & Morissette, S. B. (2015). Self-compassion as a prospective predictor of PTSD symptom severity among trauma-exposed U.S. Iraq and Afghanistan war veterans. *Journal of Traumatic Stress, 28,* 1-7.

11 Birnie, K., Speca, M., & Carlson, L. E. (2010). Exploring self-compassion and empathy in the context of mindfulness-based stress reduction (MBSR). *Stress and Health, 26,* 359-371.

12 Kuyken, W., Watkins, E., Holden, E., White, K., Taylor, R. S., Byford, S., et al. (2010). How does mindfulnessbased cognitive therapy work? *Behavior Research and Therapy, 48,* 1105-1112.

13 Keng, S., Smoski, M. J., Robins, C. J., Ekblad, A. G., & Brantley, J. G. (2012). Mechanisms of change in mindfulness-based stress reduction: Self-compassion and mindfulness as mediators of intervention outcomes. *Journal of Cognitive Psychotherapy, 26*(3), 270-280.

14 Neff, K. D., & Germer, C. K. (2013). A pilot study and randomized controlled trial of the Mindful Self-Compassion program. *Journal of Clinical Psychology, 69*(1), 28-44.

15 Bluth, K., Gaylord, S. A., Campo, R. A., Mullarkey, M. C., & Hobbs, L. (2016). Making friends with yourself: A mixed methods pilot study of a Mindful Self-Compassion program for adolescents. *Mindfulness, 7*(2), 1-14.

16 Friis, A. M., Johnson, M. H., Cutfield, R. G., & Consedine, N. S.

(2016). Kindness matters: A randomized controlled trial of a mindful self-compassion intervention improves depression, distress, and HbA1c among patients with diabetes. *Diabetes Care, 39*(11), 1963-1971.

17 Neff, K. D., & Vonk, R. (2009). Self-compassion versus global self-esteem: Two different ways of relating to oneself. *Journal of Personality, 77,* 23-50.

18 Germer, C. K., Siegel, R., & Fulton, P. (Eds.). (2013). *Mindfulness and psychotherapy* (2nd ed.). New York: Guilford Press.

19 Germer, C. K. (2009). *The mindful path to self-compassion: Freeing yourself from destructive thoughts and emotions*. New York: Guilford Press.

20 Neff, K. D. (2011). *Self-compassion: The proven power of being kind to yourself*. New York: William Morrow.

21 Germer, C. K., & Neff, K. D. (in press). *Teaching the Mindful Self-Compassion program: A guide for professionals*. New York: Guilford Press.

第 1 章 什么是自我关怀

22 Neff, K. D. (2003). Self-compassion: An alternative conceptualization of a healthy attitude toward oneself. *Self and Identity, 2,* 85-102.

Knox, M., Neff, K., & Davidson, O. (2016, June). *Comparing compassion for self and others: Impacts on personal and interpersonal well-being*. Paper presented at the 14th annual meeting of the Association for Contextual Behavioral Science World Conference, Seattle, WA.

第 2 章 什么不是自我关怀

23 Neff, K. D., & Pommier, E. (2013). The relationship between self-compassion and other-focused concern among college undergraduates, community adults, and practicing meditators. *Self and Identity, 12*(2), 160-176.

24 Raes, F. (2010). Rumination and worry as mediators of the relationship between self-compassion and depression and anxiety. *Personality and Individual Differences, 48,* 757-761.

25 Sbarra, D. A., Smith, H. L., & Mehl, M. R. (2012). When leaving your ex, love yourself: Observational ratings of self-compassion predict the course of emotional recovery following marital separation. *Psychological Science, 23,* 261-269.

26 Hiraoka, R., Meyer, E. C., Kimbrel, N. A., DeBeer, B. B., Gulliver, S. B., & Morissette, S. B. (2015). Self-compassion as a prospective predictor of PTSD symptom severity among trauma-exposed U.S. Iraq and Afghanistan war veterans. *Journal of Traumatic Stress, 28,* 1-7.

27 Wren, A. A., Somers, T. J., Wright, M. A., Goetz, M. C., Leary, M. R., Fras, A. M., et al. (2012). Self-compassion in patients with persistent musculoskeletal pain: Relationship of self-compassion to adjustment to persistent pain. *Journal of Pain and Symptom Management, 43*(4), 759-770.

28 Neff, K. D., & Beretvas, S. N. (2013). The role of self-compassion in romantic relationships. *Self and Identity, 12*(1), 78-98.

29 Yarnell, L. M., & Neff, K. D. (2013). Self-compassion, interpersonal conflict resolutions, and well-being. *Self and Identity, 2*(2), 146-159.

30 Neff, K. D., & Pommier, E. (2013). The relationship between self-compassion and other-focused concern among college undergraduates, community adults, and practicing meditators. *Self and Identity, 12*(2), 160-176.

31 Magnus, C. M. R., Kowalski, K. C., & McHugh, T. L. F. (2010). The role of self-compassion in women's self-determined motives to exercise and exercise-related outcomes. *Self and Identity, 9,* 363-382.

32 Schoenefeld, S. J., & Webb, J. B. (2013). Self-compassion and intuitive eating in college women: Examining the contributions of distress

tolerance and body image acceptance and action. *Eating Behaviors, 14*(4), 493-496.

33 Brooks, M., Kay-Lambkin, F., Bowman, J., & Childs, S. (2012). Self-compassion amongst clients with problematic alcohol use. *Mindfulness, 3*(4), 308-317.

34 Terry, M. L., Leary, M. R., Mehta, S., & Henderson, K. (2013). Self-compassionate reactions to health threats. *Personality and Social Psychology Bulletin, 39*(7), 911-926.

35 Zhang, J. W., & Chen, S. (2016). Self-compassion promotes personal improvement from regret experiences via acceptance. *Personality and Social Psychology Bulletin, 42*(2), 244-258.

36 Howell, A. J., Dopko, R. L., Turowski, J. B., & Buro, K. (2011). The disposition to apologize. *Personality and Individual Differences, 51*(4), 509-514.

37 Neff, K. D. (2003). Development and validation of a scale to measure self-compassion. *Self and Identity, 2,* 223-250.

38 Neff, K. D., Hseih, Y., & Dejitthirat, K. (2005). Self-compassion, achievement goals, and coping with academic failure. *Self and Identity, 4,* 263-287.

39 Breines, J. G., & Chen, S. (2012). Self-compassion increases self-improvement motivation. *Personality and Social Psychology Bulletin, 38*(9), 1133-1143.

40 Neff, K. D., & Vonk, R. (2009). Self-compassion versus global self-esteem: Two different ways of relating to oneself. *Journal of Personality, 77,* 23-50.

第 3 章　自我关怀的益处

41 MacBeth, A., & Gumley, A. (2012). Exploring compassion: A meta-

analysis of the association between self-compassion and psychopathology. *Clinical Psychology Review, 32,* 545-552.

Zessin, U., Dickhauser, O., & Garbade, S. (2015). The relationship between self-compassion and well-being: A meta-analysis. *Applied Psychology: Health and Well-Being, 7*(3), 340-364.

Neff, K. D., Long, P., Knox, M. C., Davidson, O., Kuchar, A., Costigan, A., et al. (in press). The forest and the trees: Examining the association of self-compassion and its positive and negative components with psychological functioning. *Self and Identity.*

Hall, C. W., Row, K. A., Wuensch, K. L., & Godley, K. R. (2013). The role of self-compassion in physical and psychological well-being. *Journal of Psychology, 147*(4), 311-323.

42 Neff, K. D., & Germer, C. K. (2013). A pilot study and randomized controlled trial of the Mindful Self-Compassion program. *Journal of Clinical Psychology, 69*(1), 28-44.

43 Neff, K. D. (2003). Development and validation of a scale to measure self-compassion. *Self and Identity, 2,* 223-250.

44 Raes, F., Pommier, E., Neff, K. D., & Van Gucht, D. (2011). Construction and factorial validation of a short form of the Self-Compassion Scale. *Clinical Psychology and Psychotherapy, 18,* 250-255.

45 Ullrich, P. M., & Lutgendorf, S. K. (2002). Journaling about stressful events: Effects of cognitive processing and emotional expression. *Annals of Behavioral Medicine, 24*(3), 244-250.

第 4 章 自我批评和自我关怀的生理机制

46 Gilbert, P. (2009). *The compassionate mind.* London: Constable.

47 LeDoux, J. E. (2003). *Synaptic self: How our brains become who we*

are. New York: Penguin.

48 Solomon, J., & George, C. (1996). Defining the caregiving system: Toward a theory of caregiving. *Infant Mental Health Journal, 17*(3), 183-197.

49 Stellar, J. E., & Keltner, D. (2014). Compassion. In M. Tugade, L. Shiota, & L. Kirby (Eds.), *Handbook of positive emotions* (pp. 329-341). New York: Guilford Press.

50 Rockcliff, H., Gilbert, P., McEwan, K., Lightman, S., & Glover, D. (2008). A pilot exploration of heart rate variability and salivary cortisol responses to compassion-focused imagery. *Clinical Neuropsychiatry, 5,* 132-139.

第 5 章　自我关怀的阴与阳

51 Eagly, A. H. (1987). *Sex differences in social behavior: A social-role interpretation.* Hillsdale, NJ: Erlbaum.

第 6 章　静观

52 Bishop, S. R., Lau, M., Shapiro, S., Carlson, L., Anderson, N. D., Carmody, J., et al. (2004). Mindfulness: A proposed operational definition. *Clinical Psychology Science and Practice, 11,* 191-206.

53 Raichle, M. E., MacLeod, A. M., Snyder, A. Z., Powers, W. J., Gusnard, D. A., & Shulman, G. L. (2001). A default mode of brain function. *Proceedings of the National Academy of Sciences of the USA, 98*(2), 676-682.

54 Brewer, J. A., Worhunsky, P. D., Gray, J. R., Tang, Y. Y., Weber, J., & Kober, H. (2011). Meditation experience is associated with differences in default mode network activity and connectivity. *Proceedings of the National Academy of Sciences of the USA, 108*(50), 20254-20259.

55 Taylor, V. A., Daneault, V., Grant, J., Scavone, G., Breton, E., Roffe-

Vidal, S., et al. (2013). Impact of meditation training on the default mode network during a restful state. *Social Cognitive and Affective Neuroscience, 8*(1), 4-14.

第 7 章 放下对抗

56 Young, S. (2016). *A pain processing algorithm*. Retrieved February 8, 2018, from *www.shinzen.org/wp-content/uploads/2016/12/art_painprocessingalg.pdf*.

57 McCracken, L. M., & Eccleston, C. (2003). Coping or acceptance: What to do about chronic pain? *Pain, 105*(1), 197-204.

58 Wegner, D. M., Schneider, D. J., Carter, S. R., & White, T. L. (1987). Paradoxical effects of thought suppression. *Journal of Personality and Social Psychology, 53*(1), 5-13.

第 8 章 回燃

59 Germer, C. K., & Neff, K. D. (2013). Self-compassion in clinical practice. *Journal of Clinical Psychology, 69*(8), 856-867.

60 Singh, N. N., Wahler, R. G., Adkins, A. D., Myers, R. E., & the Mindfulness Research Group. (2003). Soles of the feet: A mindfulness-based self-control intervention for aggression by an individual with mild mental retardation and mental illness. *Research in Developmental Disabilities, 24*, 158-169.

第 9 章 培养慈爱之心

61 Salzberg, S. (1997). *Lovingkindness: The revolutionary art of happiness*. Boston: Shambhala.

62 Goetz, J. L., Keltner, D., & Simon-Thomas, E. (2010). Compassion: An evolutionary analysis and empirical review. *Psychological Bulletin, 136,* 351-374.

63 Pace, T. W. W., Negi, L. T., Adame, D. D., Cole, S. P., Sivilli, T. I., Brown, T. D., et al. (2009). Effect of compassion meditation on neuroendocrine, innate immune and behavioral responses to psychosocial stress. *Psychoneuroendocrinology, 43*(1), 87-98.

64 Shonin, E., Van Gordon, W., Compare, A., Zangeneh, M., & Griffiths, M. D. (2014). Buddhist-derived loving-kindness and compassion meditation for the treatment of psychopathology: A systematic review. *Mindfulness, 6,* 1161-1180.

65 Fredrickson, B. L., Cohn, M. A., Coffey, K. A., Pek, J., & Finkel, S. M. (2008). Open hearts build lives: Positive emotions, induced through loving-kindness meditation, build consequential personal resources. *Journal of Personal and Social Psychology, 95,* 1045-1062.

66 Moyers, W., & Ketcham, K. (2006). *Broken: My story of addiction and redemption* (frontmatter, quoted from *The Politics of the Brokenhearted* by Parker J. Palmer). New York: Viking Press.

第 11 章 自我关怀的动力

67 Gilbert, P. P., McEwan, K. K., Gibbons, L. L., Chotai, S. S., Duarte, J. J., & Matos, M. M. (2012). Fears of compassion and happiness in relation to alexithymia, mindfulness, and self-criticism. *Psychology and Psychotherapy: Theory, Research and Practice, 85*(4), 374-390.

68 Neff, K. D., Hseih, Y., & Dejitthirat, K. (2005). Self-compassion, achievement goals, and coping with academic failure. *Self and Identity, 4,* 263-287.

69 Neely, M. E., Schallert, D. L., Mohammed, S. S., Roberts, R. M., & Chen, Y. (2009). Self-kindness when facing stress: The role of self-

compassion, goal regulation, and support in college students well-being. *Motivation and Emotion, 33*, 88-97.

70 Breines, J. G., & Chen, S. (2012). Self-compassion increases self-improvement motivation. *Personality and Social Psychology Bulletin, 38*(9), 1133-1143.

71 Schwartz, R. (1994). *Internal family systems therapy*. New York: Guilford Press.

第 12 章　自我关怀与我们的身体

72 Grogan, S. (2016). *Body image: Understanding body dissatisfaction in men, women and children*. London: Taylor & Francis.

73 Braun, T. D., Park, C. L., & Gorin, A. (2016). Self-compassion, body image, and disordered eating: A review of the literature. *Body Image, 17*, 117-131.

74 Albertson, E. R., Neff, K. D., & Dill-Shackleford, K. E. (2014). Self-compassion and body dissatisfaction in women: A randomized controlled trial of a brief meditation intervention. *Mindfulness, 6*(3), 444-454.

第 13 章　进步的阶段

75 C. P. (1991/2001). *The wisdom of no escape and the path of loving-kindness*. Boston: Shambhala, p. 4.

76 Nairn, R. (2009, September). Lecture (part of Foundation Training in Compassion), Dumfriesshire, Scotland.

第 14 章　深刻的生活

77 Hayes, S. C., Strosahl, K. D., & Wilson, K. G. (2011). *Acceptance and commitment therapy: The process and practice of mindful change* (2nd

ed.). New York: Guilford Press.

78 For a list of more than 50 common core values, see *http://jamesclear. com/core-values*.

79 Nhat Hahn, T. (2014). *No mud, no lotus: The art of transforming suffering*. Berkeley, CA: Parallax Press.

第 15 章　陪伴他人但不失去自我

80 Rizzolatti, G., Fogassi, L., & Gallese, V. (2006). Mirrors in the mind. *Scientific American, 295*(5), 54-61.

81 Lloyd, D., Di Pellegrino, G., & Roberts, N. (2004). Vicarious responses to pain in anterior cingulate cortex: Is empathy a multisensory issue? *Cognitive, Affective, and Behavioral Neuroscience, 4*(2), 270-278.

第 16 章　与困难情绪相处

82 Germer, C. K. (2009). *The mindful path to self-compassion: Freeing yourself from destructive thoughts and emotions*. New York: Guilford Press.

83 Creswell, J. D., Way, B. M., Eisenberger, N. I., & Lieberman, M. D. (2007). Neural correlates of dispositional mindfulness during affect labeling. *Psychosomatic Medicine, 69,* 560-565.

第 17 章　自我关怀与羞愧感

84 Lieberman, M. D. (2014). *Social: Why our brains are wired to connect*. Oxford, UK: Oxford University Press.

85 Tangney, J. P., & Dearing, R. L. (2003). *Shame and guilt*. New York: Guilford Press.

86 Johnson, E. A., & O'Brien, K. A. (2013). Self-compassion soothes the savage ego-threat system: Effects on negative affect, shame, rumination, and

depressive symptoms. *Journal of Social and Clinical Psychology, 32*(9), 939-963.

87 Dozois, D. J., & Beck, A. T. (2008). Cognitive schemas, beliefs and assumptions. *Risk Factors in Depression, 1,* 121-143.

第 18 章 人际关系中的自我关怀

88 Sartre, J. (1989). *No exit and three other plays* (S. Gilbert, Trans.). New York: Vintage.

89 Decety, J., & Ickes, W. (2011). *The social neuroscience of empathy.* Cambridge, MA: MIT Press.

90 Garland, E. L., Fredrickson, B., Kring, A. M., Johnson, D. P., Meyer, P. S., & Penn, D. L. (2010). Upward spirals of positive emotions counter downward spirals of negativity: Insights from the broaden-and-build theory and affective neuroscience on the treatment of emotion dysfunctions and deficits in psychopathology. *Clinical Psychology Review, 30*(7), 849-864.

91 Klimecki, O. M., Leiberg, S., Ricard, M., & Singer, T. (2013). Differential pattern of functional brain plasticity after compassion and empathy training. *Social Cognitive and Affective Neuroscience, 9*(6), 873-879.

92 Neff, K. D., & Beretvas, S. N. (2013). The role of self-compassion in romantic relationships. *Self and Identity, 12*(1), 78-98.

93 Gilbert, P. (2009). Introducing compassion-focused therapy. *Advances in Psychiatric Treatment, 15,* 199-208.

第 19 章 照料者的自我关怀

94 Lloyd, D., Di Pellegrino, G., & Roberts, N. (2004). Vicarious responses to pain in anterior cingulate cortex: Is empathy a multisensory issue? *Cognitive, Affective, and Behavioral Neuroscience, 4*(2), 270-278.

95 Maslach, C. (2003). Job burnout: New directions in research and intervention. *Current Directions in Psychological Science, 12*(5), 189-192.

96 Williams, C. A. (1989). Empathy and burnout in male and female helping professionals. *Research in Nursing and Health, 12*(3), 169-178.

97 Singer, T., & Klimecki, O. M. (2014). Empathy and compassion. *Current Biology, 24*(18), R875-R878.

98 Rogers, C. (1961). *On becoming a person: A therapist's view of psychotherapy*. London: Constable, p.248.

99 Klimecki, O. M., Leiberg, S., Ricard, M., & Singer, T. (2013). Differential pattern of functional brain plasticity after compassion and empathy training. *Social Cognitive and Affective Neuroscience, 9*(6), 873-879.

第 20 章 自我关怀与人际关系中的愤怒

100 Keltner, D., & Haidt, J. (2001). Social functions of emotions. In T. J. Mayne & G. A. Bonanno (Eds.), *Emotions: Current issues and future directions* (pp. 192-213). New York: Guilford Press.

101 Dimsdale, J. E., Pierce, C., Schoenfeld, D., Brown, A., Zusman, R., & Graham, R. (1986). Suppressed anger and blood pressure: The effects of race, sex, social class, obesity, and age. *Psychosomatic Medicine, 48*(6), 430-436.

102 Blatt, S. J., Quinlan, D. M., Chevron, E. S., McDonald, C., & Zuroff, D. (1982). Dependency and self-criticism: Psychological dimensions of depression. *Journal of Consulting and Clinical Psychology, 50*(1), 113-124.

103 Denson, T. F., Pedersen, W. C., Friese, M., Hahm, A., & Roberts, L. (2011). Understanding impulsive aggression: Angry rumination and reduced self-control capacity are mechanisms underlying the provocation-aggression relationship. *Personality and Social Psychology Bulletin, 37*(6), 850-862.

104 Christensen, A., Doss, B., & Jacobson, N. S. (2014). *Reconcilable differences: Rebuild your relationship by rediscovering the partner you love—without losing yourself* (2nd ed.). New York: Guilford Press.

105 For the effects of stress on the body, see *www.apa.org/helpcenter/stress-body.aspx*.

106 Rosenberg, M. B. (2003). *Nonviolent communication: A language of life*. Encinitas, CA: PuddleDancer Press.

第 21 章　自我关怀与宽恕

107 Luskin, F. (2002). *Forgive for good*. New York: HarperCollins.

108 Breines, J. G., & Chen, S. (2012). Self-compassion increases self-improvement motivation. *Personality and Social Psychology Bulletin, 38*(9), 1133-1143.

第 22 章　拥抱美好

109 Singer, T., & Klimecki, O. M. (2014). Empathy and compassion. *Current Biology, 24*(18), R875-R878.

110 Rozin, P., & Royzman, E. B. (2001). Negativity bias, negativity dominance, and contagion. *Personality and Social Psychology Review, 5*(4), 296-320.

111 Hanson, R. (2009). *Buddha's brain: The practical neuroscience of happiness, love, and wisdom*. Oakland, CA: New Harbinger.

112 Hanson, R. (2013). *Hardwiring happiness: The practical science of reshaping your brain—and your life*. New York: Random House.

113 Fredrickson, B. L. (2004). The broaden-andbuild theory of positive emotions. *Philosophical Transactions of the Royal Society B: Biological Sciences, 359*(1449), 1367-1378.

114 Keller, H. (2000). *To love this life: Quotations by Helen Keller.* New York: AFB Press.

115 Bryant, F. B., & Veroff, J. (2007). *Savoring: A new model of positive experience.* Hillsdale, NJ: Erlbaum.

116 Jose, P. E., Lim, B. T., & Bryant, F. B. (2012). Does savoring increase happiness?: A daily diary study. *Journal of Positive Psychology, 7*(3), 176-187.

117 Emmons, R. A. (2007). *Thanks!: How the new science of gratitude can make you happier.* Boston: Houghton Mifflin Harcourt.

118 Krejtz, I., Nezlek, J. B., Michnicka, A., Holas, P., & Rusanowska, M. (2016). Counting one's blessings can reduce the impact of daily stress. *Journal of Happiness Studies, 17*(1), 25-39.

119 Nepo, M. (2011). *The book of awakening: Having the life you want by being present to the life you have.* Newburyport, MA: Conari Press, p. 23.

120 Baraz, J., & Alexander, S. (2010). *Awakening joy: 10 steps that will put you on the road to real happiness.* New York: Bantam. 也见詹姆斯·巴拉兹母亲的视频，"Confessions of a Jewish Mother: How My Son Ruined My Life," at *www.youtube.com/watch?v=FRbL46mWx9w*.

121 这项练习是在 Bryant & Veroff(2007) 开发的练习基础上改编而来的，他们发现用这种方法行走一周可以显著地提升幸福感。

122 Dickinson, E. (1872). Dickinson-Higginson correspondence, late 1872. Dickinson Electronic Archives. Institute for Advanced Technology in the Humanities (IATH), University of Virginia. Retrieved February 8, 2018, from *http://archive.emilydickinson.org/correspondence/higginson/l381.html*.

123 Godsey, J. (2013). The role of mindfulness-based interventions in the treatment of obesity and eating disorders: An integrative review. *Complementary Therapies in Medicine, 21*(4), 430-439.

124 For a review of this research, see Emmons, R. A. (2007). *Thanks!:*

How the new science of gratitude can make you happier. Boston: Houghton Mifflin Harcourt.

第 23 章 自我欣赏

125 Neff, K. (2011). *Self-compassion: The proven power of being kind to yourself.* New York: William Morrow.

126 Williamson, M. (1996). *A return to love: Reflections on the principles of "A course in miracles."* San Francisco: Harper One.

静观自我关怀

静观自我关怀专业手册

作者：(美) 克里斯托弗·杰默 (Christopher Germer) 克里斯汀·内夫 (Kristin Neff) 著
ISBN：978-7-111-69771-8

静观自我关怀（八周课）权威著作

静观自我关怀：勇敢爱自己的51项练习

作者：(美) 克里斯汀·内夫 (Kristin Neff) 克里斯托弗·杰默 (Christopher Germer) 著
ISBN：978-7-111-66104-7

静观自我关怀系统入门练习，循序渐进，从此深深地爱上自己